The Wavewatcher's Companion

波的關鍵字

A～Z

觀浪者指南

我們很容易忘記我們身邊隨時都有各式各樣的波。波左右我們生活體驗的層面非常深入，所以往往不容易注意到。這份指南就是想告訴讀者這些小東西在哪裡。

人工造浪池（Artificial wave pool）

1927 年在布達佩斯開業的蓋勒特浴場（Gallert thermal wave bath，右圖）是極早以人工造浪的游泳池。巨大的幫浦每 10 分鐘製造一次波浪。在世界各地的水上樂園，現代化造浪池依然是極受歡迎的設施。有些樂園以高速水流製造駐波，供遊客衝浪。

想進一步了解駐波衝浪，請參閱第 153-154 頁。

請勿用力拍打

高一點...再低一點...

兩個正弦波頻率

同時彈出

合併後形成

音量起伏的節拍

拍頻（Beat frequencies）

我們可以利用音波干涉幫吉他調音。舉例來說，在 D 弦和 A 弦上彈同一個音，藉以確定 D 弦和 A 弦彼此協調。方法是撥 D 弦但不按壓，同時在 A 弦上彈出 D。這兩條弦協調時，可以聽到兩條弦的總音量有細微的起伏，這是兩條弦發出的音波產生干涉的結果。某個音波的波峰（空氣壓力較大的部分）和另一個音波的波峰重疊時，兩者相加，音量變大。某個音波的波峰（空氣壓力較大的部分）和另一個音波的波谷（空氣壓力較小的部分）重疊時，兩者抵消，音量變小。慢慢轉動弦鈕，兩條弦越來越協調時，音量起伏的頻率會越來越慢。兩條弦完全協調時，音量會持續不變。

干涉原理也可用來解釋浪擊（surf beat）。浪擊是湧浪接近海岸時會聚集成一群群較大的波浪，兩群大波浪之間是一些較小的波浪。

想進一步了解海浪一群群來到岸邊，請參閱第 27-30 頁。

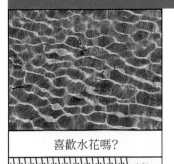

喜歡水花嗎？

焦散（Caustics）

焦散是淺水水面出現漣波時，在水底舞動的美麗光影圖形。焦散的形成原因是光從空氣進入水中時速度減慢並改變方向，這種現象稱為折射。在波峰水面升高的地方，光聚焦形成亮點，而在波谷水面降低的地方，光分散形成暗點。

想進一步了解折射，請參閱第88-94頁。

都卜勒效應（The Doppler effect）

有些人可能曾經注意到，消防車接近時，警笛聲會逐漸升高，遠離時又慢慢降低。這種現象稱為都卜勒效應，成因是音波在車輛前方被推擠在一起，到車輛後方又分散開來。出現這種效應的原因是聲音來源（消防車）不斷移動，但音波在空氣中行進的速度是固定的，所以消防車每製造一個波峰，就前進一點點。都卜勒效應也能解釋超音速噴射機產生的音爆，請參閱第192-193頁。

喔伊喔伊～

警笛聲降低　　警笛聲升高

電子顯微鏡（Electron microscope）

波在量子世界中的奇特表現看來或許純屬理論，但發現光既是波也是粒子，卻促成科學家發明電子顯微鏡。這種顯微鏡讓我們得以深入探索光學顯微鏡難以窺見的世界。想進一步了解顯微鏡，請參閱第311-313頁。

金融波動（Financial fluctuations）

只要聽到「波動」這個詞，我們似乎就很容易想到金融市場。*fluctus* 在拉丁文中是「翻騰」或「波浪」的意思。金融界常說我們投下的資金會下跌也會上漲，經常觀浪的人一定了解這一點。金融市場也是一種波浪，早晚都會反轉。

觀浪者指南

金魚耳朵（Goldfish ears）

令人驚奇的是，金魚其實沒有耳朵。或者說金魚有耳朵，但外觀上看不出來。金魚和其他魚類一樣沒有耳孔，這是因為金魚皮肉的密度和水大致相同，音波在水中和在金魚體內行進的速度也相同，所以魚皮表面反射的聲音非常少。因為如此，耳孔就完全沒有必要存在。想進一步了解反射和密度，請參閱第87-88頁。

沒必要用吼的。

面目全非的亞當史密斯。

全像圖（Hologram）

現在我們都隨身攜帶這種小小的 **3D** 影像，因為全像圖已經成為信用卡、鈔票和防偽貼紙上面隨處可見的安全機制。全像圖有許多種，印製的方法也各不相同，但都是以光波互相重疊時產生的干涉圖形來製作。全像資料光碟可能會取代藍光光碟，因為這種最新的熱門系統儲存資訊的能力比我們能想像的方法高出許多倍。

想進一步了解干涉，請參閱第288-290頁。

超低音波（Infrasound）

你覺得家裡好像鬧鬼嗎？找法師或其他超能力人士來驅邪之前，請先確定這些靈異現象是不是頻率極低的音波造成的。超低音波的頻率低於20赫茲，人類聽不見，但某些頻率可能在人體的空腔中產生共振，讓我們感到噁心和焦慮。美國航太總署的一項研究發現，18赫茲左右的超低音波能使眼球共振，產生幻覺。英國考文垂大學一位學者使用測量儀器，在三個據說鬧鬼的地點偵測到明顯的超低音波。在其中某個地點，這種聽不見的聲波來自故障的抽風扇。此外，這三個地點的超低音波頻率都是19-20赫茲。

果凍（Jelly）

小孩喜歡果凍是因為果凍很 Q 彈。觀浪者喜歡果凍則是因為它是可激發介質，能讓波在其中行進。

真的很有激發性。

觀浪者指南

坎齊斯機（Kanzius machine）

這部機器說不定能以無線電波開啟癌症治療的新時代？在患者體內注射黃金奈米微粒，每個微粒都帶有抗體，可附著在癌細胞上。這種機器可朝腫瘤集中發射無線電波，加熱黃金微粒，消滅癌細胞，但不會傷害其他細胞。

可惡，快點鬆開!

懶人波（Lazy wave）

這種波不是正式的波，但似乎很適合用來描述我們懶得走過去解開纏住的水管時，用來抖開水管的橫波。我們手部的動作和水管的運動都是上下，和波的行進方向不同，所以懶人波是橫波。

叮～好了。

微波爐（Microwave oven）

微波爐是相當省能源的烹調器具，但總是缺少從熱烘烘的烤箱拿出來的餐點那樣的感官愉悅，對吧？微波食物不會酥脆、表面也不會焦糖化或烤焦、這些都是餐點具有誘人的香味和風味的原因。微波爐不像旋風烤箱一樣是以外來熱源加熱食物，而是以波長為 12.2 公分的電磁波照射食物。這種微波使爐內的磁場以每秒 24 億 5000 萬次的頻率振動，在金屬壁內來回反彈。食物中兩端各帶正電和負電的水分子也會隨電磁波來回振動並加熱，藉以煮熟食物。

想進一步了解干涉，請參閱第 288-290 頁。

第九個浪（The ninth wave）

在凱爾特神話中，來自海岸的第九個浪最大，代表「另一個世界」的邊界。在另一個世界中，亡者和神祇同生活。19 世紀詩人丁尼生在他的詩《第九個浪》中提到浪越來越大：「浪越來越大/最後的第九個已經聚集一半深度/發出巨大的聲響，緩緩升起又落下/隆隆響著，海浪全都燃燒著」。

觀浪者指南

高潮（Orgasm）

明確的説是女性的高潮。有個權威人士告訴我，女性的高潮就像一連串波浪流遍全身：「蕩漾、蕩漾，就像微弱的火焰輕輕地撫摸…這種難以言喻的活動其實不是活動，而是深沉的感官漩渦，逐漸深入體內和意識，最後成為完全同心的感覺流。」這是D.H.勞倫斯説的，但他是男的，所以講的不一定對。

偏振光（Polarised light）

光和其他電磁波一樣是橫波，振動方向與光行進的方向垂直。日光沒有一定的振動方向，所以是無偏振光，但日光由海面反射時，就具有偏振性了。耀眼的光線大致上會朝左右振動。偏光太陽眼鏡的鏡片含有極細的線條，就像非常細小的百葉窗，隔絕水平偏振光，藉此減少刺眼的光線，同時讓其他光線通過。此外，光也能以圓形方式順時針或逆時針偏振。觀賞3D電影時戴的眼鏡也是運用這種偏振光，把兩隻眼睛看到的影像分別濾除一小部分，形成立體的錯覺。

想進一步了解干涉，請參閱第288-290頁。

更快的連線（Quicker connection）

光纖纜線除了改善長途電話的通話品質和傳輸有線電視訊號之外，還讓網際網路快速普及又不至於塞到動彈不得。在光纖纜線中，訊號的形式是紅外線脈衝，這種波可在矽晶纜線內壁不斷反射，藉此行進極長的距離。

彩虹（Rainbow）

解説彩虹的版面只有這麼一小塊，只能長話短説。光是一種波，所以不同波長呈現不同的顏色，而且（和其他的波一樣）會折射和反射，因此形成彩虹。

觀浪者指南

脫水駐波（Spin-cycle standing wave）

讀者們是否曾經注意過，當洗衣機正在脫水時，旁邊水槽的水面往往會形成一些圖形？當封閉的水體以特定速度振動時，就會形成這類駐波圖形。這些圖形是在水面形成的波浪碰到邊緣後反彈回來，再互相重疊的結果。脫水速度減慢時，圖形會跟著變化。還有一個例子是火車引擎以某個速度振動時，茶水表面也會出現脫水駐波。想進一步了解干涉駐波，請參閱第155-157頁。

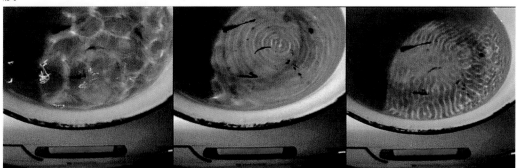

幹嘛把這個舊水桶放在洗衣機上？

雷（Thunder）

雷是一種震波。閃電在百分之一秒內使空氣溫度提高到攝氏3萬度左右，使空氣以高於音速的速度膨脹，造成自然界的音爆，雷聲就是這樣來的。

想進一步了解雷聲震波，請參閱第189~190頁。

超音波清洗（Ultrasonic cleaning）

如果想徹底洗乾淨東西，音波是最好的選擇。超音波的頻率高於2萬赫茲，已經超越人耳的聽力，可以用來清洗手術器械、磁碟機零件、首飾和手錶零件等。超音波可使清洗液生成微小的空蝕氣泡（cavitation bubble），破裂後產生微小的震波，打掉髒污。想進一步了解震波氣泡，請參閱第210~212頁。

維特魯威紋（Vitruvian wave）

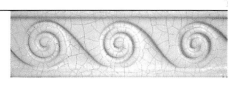

這種古典建築花紋的名稱來自首先提出的羅馬建築師維特魯威。維特魯威生活在西元前一世紀，在歷史上很早就開始觀浪，也最先提出聲音是一種波。想進一步了解維特魯威，請參閱第82頁。

觀浪者指南

搖搖晃晃的橋（Wobbly bridge）

倫敦的千禧橋2000年開放通行的那個週末，數千名行人使這座橋開始共振，產生可能帶來危險的駐波，因而關閉兩年進行修整。

想進一步了解橋樑的波動，請參閱第66~69頁。

X射線掃描器（X-ray scanner）

為了防範金屬偵測器無法探知的塑膠和液體炸彈恐怖攻擊，機場開始裝置全身掃描器，以低強度X射線透視衣物。難怪這些機器的操作員都是小時候曾經買過郵購的「X光透視鏡」之後大失所望的人。

想進一步了解X射線，請參閱第122~123頁及第309頁。

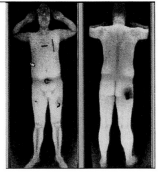

不准偷笑。

陰與陽（Yin and yang）

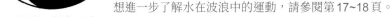

中國古代哲學和醫藥用太極圖代表陰陽。這個符號代表古代中國人經常把世界分成相反的兩面，例如夏冬、天地、男女、日夜，並認為自然平衡是兩者間持續流動，自己永遠有一部分存在對方之中。因此陰陽兩者之間的分隔線是波浪狀。平緩的波浪通過水面時，水不斷從一個極端（高峰）到另一個極端（低谷），在平衡點的兩端不斷來回振盪。

想進一步了解水在波浪中的運動，請參閱第17~18頁。

天理循環，報應不爽。

澤內克波（Zenneck wave）

這種波也稱為地面波（ground wave），但字母G已經寫了其他東西。澤內克波是無線電波，但表現有點像海面上的波。這種波能貼著地球表面行進，包括陸地和海洋，不會射向空中，所以不需要靠高層大氣反射就能到達地平線之外。因此長波和中波無線電在很遠的地方都能接收到。這聽來或許有點無聊，但我不在乎，因為它的開頭是Z。

想進一步了解無線電波的接收範圍，請參閱第107頁。

波的科學

的

科學

細數那些
在我們四周的波

Gavin Pretor-Pinney
普瑞特-平尼

甘錫安——譯

The
Wavewatcher's
Companion

各方推薦

作者以生動的描寫，像記事一樣述說各種科學原理，讓人以為正在讀一本輕鬆的小說。每章節都觸及不同領域，卻又能以波動連貫。例如當他正要介紹生物體內的波動，我卻能得到關於物理、工程的知識；在我以為要讀到波動原理的時候，他又介紹了幽浮陰謀論的歷史故事，而且絲毫不突兀。這種例子在書中多不勝數，我就留待讀者去感受。但至少我在每讀完一章之後，意想不到的知識都在不知不覺間增加了。這種感覺很難形容，但就是很舒服。應該就是一本好書能帶給讀者的領會吧！

——余海峯／香港大學理學院助理講師

作者從海邊觀浪出發，以活潑的遊記筆法記述自然界千變萬化的波動現象，比如：腦波頻率的研究對治療癲癇患者的幫助、二戰期間對深海聲音通道的研究導致神祕的羅斯威爾幽浮事件、愛爾蘭史前石室建築的共振頻率創造神祇等超自然力的存在感、交通阻塞時車輛的停停走走波與吞沒農地的沙丘的移動原理互通，甚至光的雙重人格——波粒二象性到電子顯微鏡的運用……等，內容包羅萬象，涵蓋生物、物理、地球科學等各學門知識，是兼具閱讀樂趣與科學素養的好書。

——張峻輔／清華大學物理博士，高雄中學物理科教師

波動現象堪稱是自然界最為有趣卻又相當抽象的一種概念，我們國中階段從聲音現象開始接觸波動的概念，高中階段則有繩波、水波、聲波，乃至於光波（電磁波）、地震波，大家不難發現波動的特性涵蓋範圍相當廣泛而又重要。本書作者深入淺出地探討其中的波動現象，最有趣的是作者由當《哈利遇上莎莉》電影中的波浪舞情節，延伸探討了南北半球的波浪舞繞轉方向居然會有顯著的不同。

另一方面，今年上路的高中探究與實作課程算是新課綱的全新嘗試，希望培養學生主動發現問題，從觀察現象、蒐集資訊、形成問題進而提出可驗證的觀點，本書作者示範了觀察雲層以及海浪，進而提出許多有趣的疑問，並以詳盡生動的各種例子歸納比較，讓讀者對波動有廣泛而又深刻的感受。

—— 盧政良／雄中物理教師、探究與實作學會理事長

普瑞特－平尼讓我想到最好的那種科學老師：聰明、充滿熱情而且對於分享自己的知識有不可磨滅的決心。

—— 《每日電訊報》書評

普瑞特－平尼是個認識物理世界獨一無二的高明嚮導。

—— 《星期日郵報》書評

完美結合深入知識和稀奇古怪但有趣的題外話……引人入勝。

—— 《金融時報》書評

目 次

觀浪入門

一月裡某個冷颼颼的下午，我和三歲的女兒芙蘿拉在康威爾的岩石上玩耍。這種時候通常是觀雲的好機會，但當天天氣出奇晴朗，完全看不到雲。我們坐在小海灣邊，眼前什麼都沒有，只有大西洋一望無際的水平線，我們沒別的事可做，只能看著海水活動。至少我是這樣，芙蘿拉則想在滑溜的岩石上爬來爬去。

那天的海浪沒什麼特別之處，不是拍打岬角噴出片片水花的滾滾碎浪，也不像我們心目中的波浪那樣有規律，波峰一個接著一個來到眼前，井然有序地沖刷岸邊的卵石。

事實上，海水運動完全沒有秩序可言。波峰就像尖峰時段在擁擠車站裡的通勤乘客一樣，朝不同方向行進，路線橫七豎八地彼此交錯。但和通勤乘客不同的是，波峰擦身而過時會互相重疊，合併

快遲到了、快遲到了、快遲到了。

後再分開，一會兒消失、一會兒又出現。

　　波峰運動令人著迷。我發現我盯著某個波峰沒辦法超過一秒鐘。我只要看著一個波峰，這個討厭的小尖峰立刻就會跟另一個方向來的波峰黏在一起。這兩個波峰消失之後，一定會有另一個小波經過，吸引我的目光。

　　我跟芙蘿拉聊著天，心裡的疑問來得又多又快：「為什麼會有波浪？」「波浪從哪裡來的？」「波浪為什麼會造成水花？」這些問題很幼稚，但提出這些問題的不是芙蘿拉，而是我。

雖然晴朗的藍天引發了我對波浪的興趣，但我現在知道觀雲會讓人自然而然轉為觀浪。我們看雲一段時間後，就會發現雲的樣貌受波動影響很大。我說的不是海面上隆隆行進的波浪，而是天空廣闊無垠的氣流中的波動。因為大氣其實也是海，只不過不是一大片水，而是一大片空氣。

天上的海洋和地上的海洋關係十分密切。《創世記》記載，上帝創造萬物時，第一件工作就是讓海洋動起來：

起初神創造天地。

地是空虛混沌，淵面黑暗。神的靈運行在水面上。[1]

第二天，上帝「將空氣以下的水、空氣以上的水分開了」[2]。換句話說，上帝用一大片空氣把地上的海洋和天上的雲分開來。

天空和海關係密切，甚至可說系出同門，所以觀雲其實也是觀浪，而我們往往不容易察覺，因為雲通常和空氣波動有關。

這類波的形式是上下起伏的風，我們雖然看不見，但可以從雲的形狀得知風的模樣。舉例來說，波狀雲是表面呈波浪狀的連續雲層或有間隔的平行雲帶，這種雲出現在不同方向或不同速度的氣流之間的風切區域。雲經常呈現大氣波動，波狀雲就是個美麗又常見的例子。

但最壯觀的空中波動應該是稀奇又轉眼即逝的克赫波狀雲

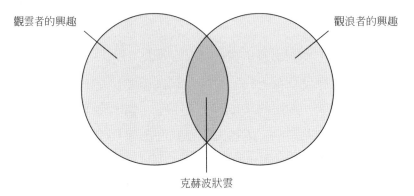

觀雲者和觀浪者都著迷於克赫波狀雲的美。

（Kelvin-Helmholtz wave cloud）。這種名字很響亮的雲看來像衝浪客所謂的管浪或桶浪，但比較正確的說法是渦旋雲。這種雲是波狀雲的極端狀態，此時風切速度正好使波狀雲形成漩渦狀，通常只出現一兩分鐘就會消散。雖然這種雲的形成過程和使海浪沖刷岸邊的過程大不相同，但這種雲無疑是觀雲和觀浪兩種不同興趣的共同愛好。

波狀雲是一堆懸浮的水滴，就這方面而言，所有的雲都是這樣，但海浪是什麼？讀者們可能覺得答案很明顯：海浪不就是一團移動的水嗎？但如果你真的這麼想，代表觀察得不夠仔細。想了解波浪不是一團移動的水，最好的方法是找個浮在水面上的物體，例如一片海藻，觀察波浪對它造成的影響。

芙蘿拉和我離開海邊前，我看到一叢海藻隨著翻攪的海水上下起伏，左右搖晃。這叢海藻看來不像匆忙的通勤乘客，而比較像羽量級拳擊選手。來自四面八方的波峰通過海藻下方時，海藻上下跳動，但大致上一直在相同的位置，沒有隨波峰移動。

我們一邊爬上崖頂，一邊看著小船在海浪通過時怎麼移動。從高處看來，海浪的樣子完全不同。雜亂無章的波峰看來像表面紋理，在陽光下反射出一條閃閃發亮的路徑。在粼粼的小波底下，能看得出有一片廣闊得多也比較規律的起伏，從大西洋遠處朝我們而來。我估計每道平緩波浪相隔約 15～20 公尺，安靜沉穩地向前推進，這一連串波峰跟在水面橫衝直撞的小波峰完全不同。然而，這些溫和的大浪通過海藻下方時，沒有帶著它一同前進，通過載著魚貨的漁船下方時也是如此。如果這種波浪是水流，應該會把漁船帶向陸地，但實際上不是這樣。所以波浪通過後，漁船底下的水顯然又回到大致相同的位置。

如果這種波浪和小海灣裡的波浪都不是移動的海水，那究竟是什麼？從外海推進到岸邊的又是什麼？

答案是能量。

水只是能量從一處移動到另一處的工具。它是波能量藉以傳播的介質。海洋表面受到能量驅策，就像靈媒被來自陰間的靈魂附身之後動了起來一樣。

呃，也**不完全**一樣。

其實是完全不一樣。

但我還滿喜歡把水想成不知名的通靈師，戴著叮叮噹噹的耳環，穿著紫色的衣服。已經去世的奶奶附身在她身上，嶙峋的雙手按在桌上，站起身來。她的眼珠開始轉動，嘴角堆著唾沫，用喉音說陰間的電視不好看。接著奶奶退駕，老通靈師跌坐回椅子，伸手要我們付錢。

奶奶的靈魂

這有助於解釋海浪是在水中行進的能量嗎？大概不行。事實上，能量通過時，水並不是直上直下（像被附身的通靈師一樣）。這片廣闊規律的波浪在深水中朝我和芙蘿拉而來，假如我們看得見深水裡的一叢海藻，或許就能看到海藻在波峰和波谷通過時怎麼移動。波浪接近時，海藻會略微向後移動，接著隨波峰到達而上升，在最高點時隨海浪稍微前進。接著海藻隨波谷到達而再次落下，大致回到原本的位置。波浪通過時，海面的水沿圓形路徑運動。

很難想像水會在能量通過後回到原來位置，所以用尺寸這類比較實際的方式來描述波浪可能會比較好懂。小漣波和大海嘯的區別有兩個，分別是高度和波長。

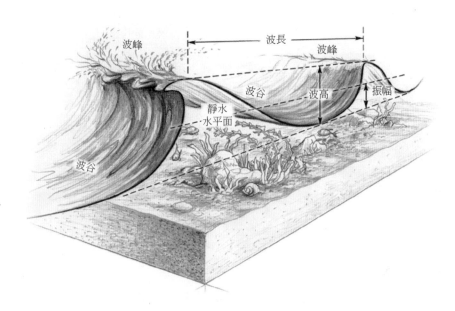

如何測量海浪。

　　波高是波峰和波谷的垂直距離，科學家較常使用稱為振幅這個度量值：振幅是波峰與靜水水平面的距離，所以通常是波高的一半。這樣可以使波浪方程式比較簡單，不過從波峰到波谷的浪高用起來還是比較直覺。

　　波長是從一個波峰到另一個波峰（或從一個波谷到另一個波谷）的距離。雖然我們通常會把單一波峰視為一個波浪（而且用這個詞來描述單一尖峰），但海浪不會單獨存在。海浪一定成群結隊行動，所以「波浪」這個詞通常可以用來描述單一波峰，也可以描述一連串波峰和波谷。一般而言，水面的起伏通常會和康威爾的小

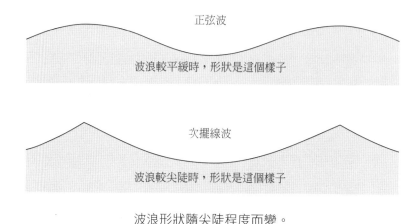

正弦波

波浪較平緩時，形狀是這個樣子

次擺線波

波浪較尖陡時，形狀是這個樣子

波浪形狀隨尖陡程度而變。

海灣一樣雜亂，很難看出明確的波長。海浪必須像我們在崖頂看到的那樣井然有序，才能從波峰隔得很遠來判定波長很長，或是從波峰黏得很近判定波長很短。

　　這兩個尺寸告訴我們波浪在任一時刻的大小，但沒有說明波浪的運動。每個衝浪客也都說，波浪最重要的就是運動。這時我們需要知道波浪的頻率（frequency），也就是每秒鐘通過固定點（例如立在水中的桿子）的波峰數目。如果是我們朝池塘丟石頭造成的小漣波，一秒鐘大概會有 5 ～ 6 個。但我們通常不會注意這種大小的波浪，這麼小的浪連讓衝浪客站上浪板都沒辦法，更不可能像大浪那樣沖壞鑽油平台。我們會注意到的波浪通常大上許多，從一個波峰到下一個波峰可能間隔 16 秒。在這類狀況下，說這個波浪的頻率是每秒 1/16 個或 0.0625 個波峰有點奇怪，所以海浪通常以波峰通過固定點的間隔時間來描述，也就是週期（period）。

除了大小和運動之外，形狀也是描述海浪的基本特徵。有些海浪的起伏寬闊對稱，輪廓接近正弦波的數學曲線，如同這兩個波形圖中的上圖。

但大多數海浪的形狀不是這樣。海浪愈尖陡，就愈不像正弦波，而比較接近次擺線（trochoidal）。這種海浪沒有正弦波那麼對稱，尖銳的波峰之間是平緩的波谷。不過陡不一定代表大。我跟芙蘿拉在小海灣看到的雜亂波峰就是尖的，而不是圓滑的。影響波浪形狀的尖陡程度取決於波高和波長的比例，而非波浪的大小。小小的波浪只要夠密集，也會變得尖陡，使形狀接近次擺線。

雲和海洋除了偶爾看來相似之外，還有更多共同點。事實上，碎浪在雲的形成過程中也扮演微妙的角色。波峰相繼沖刷海岸時，無數微氣泡在亂流中形成後爆裂，使微細的水滴飄散到空中。海水蒸發後，細小的鹽粒繼續漂浮在空中。這類細小鹽粒是效果極佳的凝結核。凝結核是雲形成的重要因素，功能是讓空氣中看不見的水蒸氣開始凝結，形成微細的水滴，再結合成低雲。我的意思不是碎浪能直接在空中生成雲朵，它只是讓低層大氣中一直有凝結核漂浮，而凝結核則是生成雲的要素之一。

這個過程有時也會倒轉過來，因為雲也是形成波浪的重要角色，至少風暴雲是如此。在度假勝地凝視著波浪輕輕拍打岸邊時，提到風暴雲可能會令人覺得意外。在搖曳的棕櫚樹蔭下看來，波浪是如此寧靜祥和，一下接著一下，彷彿海洋正在放

從海浪到雲朵

從雲朵到海浪

鬆地呼吸。然而，優雅的動作掩飾了海浪狂暴的本性，這些溫和的訪客經常出於某個通常早已消散的風暴的瘋狂翻攪。

波浪如何在風暴中生成？此外波浪又如何從雜亂無章的擾動化成井然有序的波峰，拍向岸上的我們？要得知答案，我們必須回頭追溯波浪的旅程，從誕生在海上到消逝在岸邊，探究它的每個發展階段。

波浪的發展歷程可分為五個階段，每個階段各有不同的特質。

我們先從海浪的誕生開始。

波浪隨時都在世界各地的海洋生成，但觀察時最好能找個不受干擾的環境，例如一片平靜無波的海面。事實上，這樣的地方根本不存在，最接近的地方大概是南北緯 30 ～ 35 度間的馬緯無風帶（horse latitude），以及赤道南北各 5 ～ 10 度間的赤道無風帶（doldrum），這兩個地區的風通常相當微弱。波浪因風而生，所以這些地區有時會完全沒有波浪生成。但無論哪一片海洋，即使是十分平靜的天候下，光滑如鏡的水面之下仍會蕩漾著來自遠方風暴的餘波。

沒有波浪的海面並不存在

在馬緯無風帶的恆定高壓下，平靜期可能會比較久。歸根結柢，這個名稱據說源自 18 世紀運送馬匹到美洲的西班牙商船在這裡必須拋棄貨物，以保留逐漸減少的供水。但我們不想永無止境地等待，所以我們選擇赤道無風帶的水域。詩人塞繆爾・泰勒・柯立芝（Samuel Taylor Coleridge）有幾句詩相當出名，描寫這裡的風非

常微弱不定，經常使帆船「無聲無息地停駐，像畫中船一般毫無動靜，停留在畫中的海上」[3]。赤道無風帶的英文 doldrum 源自古英文的 *dol*，意思是「停滯」。但這些區域經常處於**低**壓中，因此酷熱詭異的平靜很容易被另一種大不相同的天氣打破，使溫和平緩的起伏變成高高矗立的波浪。

赤道帶溫暖潮濕的空氣可能造成劇烈的大氣不穩，進而使空氣急速上升，水汽凝結成聳立的風暴雲。赤道無風帶附近突然出現暴風和風暴，而且往往發展成破壞性極大的熱帶氣旋。但要生成波浪不需要這麼激烈，海上的小風暴就綽綽有餘。

在高聳的雲內形成的微滴凝結時，空氣溫度提高，浮力增大，同時膨脹上升。此時海平面氣壓迅速提高，周圍的空氣迅速流入，填補空間。海浪在這種風的吹拂下誕生，同時進入生命的第一階段。

風速到達數節或每秒 1 公尺以上時，作用在水面上的摩擦開始形成微小的波紋。小漣波在水面躍動，高度不超過 1 公分。不久之後，稱為「貓掌」的分散菱形漣波開始在陽光下閃閃發亮，維多利亞時代詩人阿爾加農・斯溫伯恩（Algernon Swinburne）曾經寫道：「宛如風的雙腳在海上閃著光芒。」[4] 這類漣波看來和遠處較平靜的水面相當不同，有經驗的水手會警覺到強風即將吹來。

新生的波浪

這類剛形成的漣波是新生兒，它們是波浪生命循環的第一階段。小小的波峰隨風起起落落，但在隨風暴發展而增強的氣流推送下，很快就發展成水面上長時間存在的起落。

這種波浪和嬰兒一樣，很快就開始對雙親造成壓力。水面上的起落增加水和風之間的摩擦，空氣無法輕易滑過海面。毛細波上方產生微小的渦流，導致空氣作用在水上的壓力出現起伏。漣波熱烈地回應這類刺激：波峰變得更高、波谷變得更低，波浪也隨之變大。

波浪的發展是兩方面衝突的結果。一方面，風力使水偏離平衡面，起起落落。另一方面，水又會抵抗這類擾動，盡可能回歸沒有風時的穩定狀態。事實上，這種特質源自水的表面張力和重量兩個因素。表面張力對抗波峰處的少許延伸和波谷處的少許壓擠，另一方面，水的重力（或重量）又會把高於平衡面的水向下拉，（水的壓力）則把低於平衡面的水向上推。這兩種力試圖使水回歸平衡時，反而形成增強波浪的效果，使波峰下壓變成波谷，波谷上升變成波峰。波浪剛生成時，水的表面張力是主要作用力。水自然而然地反抗風的刺激，是促使小漣波在水面行進的原因。

波浪增高到幾公分時，就不是嬰兒了。生命的第一階段已經結束，不能再稱為毛細波。現在波浪的重量（也就是重力）已經成為主要影響因素，所以稱為重力波（gravity wave）。重力現在是抵抗風擾動的主要作用力，使水回歸平衡面，從而透過接踵而來的混亂（mêlée）推動小波浪前進。

波浪現在已經長成兒童，進入發展的第二階段，從小波成為波浪，就像從愛玩鬧的小孩長成不乖的青少年。風力逐漸增強且維持

更久時，波浪也變得與井然有序的毛細波完全不同。波峰和波谷變得激烈混亂，朝不同方向行進，互相衝撞，擠成一團，就像過動的保母指揮滿屋子的小孩一樣。這類騷動又不平穩的海面稱為風浪（wind sea）*，指海面被風掀起而變得高高低低，同時風又不斷地把能量傳遞給水。就風暴而言，風浪是波浪快速持續增長的階段。

橫衝直撞的小孩

事實上，它們的成長速度隨風可推送的波面愈來愈長而加快。同一片水面有各種不同的波高和波長，很難訂出波浪整體大小的代表值。在混亂的風浪中，最高的波浪其實相當少，以最高的波浪代表會造成誤導。所以海洋學家通常以示性波高（significant wave height）描述一定範圍（或幅度）的波浪大小，示性波高的定義是最高的 2/3 波浪的平均值。這個定義方式看來似乎比最高波高來得複雜，但波高分布在一定範圍時，這種方式比較有用且具代表性。

不久之後，示性波高將增加到一公尺。現在已經不是小波，而是道地的波浪。風暴的強風不是溫和持續的影響。過動的小波已經長大成易怒任性的波浪，波面斜陡、波峰尖銳且呈次擺線狀。在風的粗暴教養下，波浪愈來愈憤怒激動，最後波峰開始出現白沫。波浪發展過程中最狂亂的第三個階段即將展開。

波浪逐漸進入成年期，身上到處寫著「壞蛋」。第三個階段的

---

* 不過令人困惑的是，這類狀況有時又直接稱為浪。

1989 年，貴星號商船拍到泡沫在北太平洋風暴波浪中形成明顯的條紋。我光看到這個畫面就暈船了。

特徵是較大的波浪有白水形成的泡沫狀頂端，這種狀況稱為白頭浪，是波浪受強風持續反覆作用而開始撞成一團的現象。

如果與風暴相仿的強風長時間吹拂且區域較大，波峰尖端將會破碎，形成浪花，浪面夾雜一條條白色泡沫。作家康拉德曾經寫道：「就像一道頂端有雪的綠色玻璃牆。」[5]不過我覺得其實比較像瘋子暴怒時亂吐的口水。海浪不斷長大，示性浪高最後將超過五公尺。

現在白頭浪已經相當常見。船員有時稱白頭浪為「白馬」，偶

爾稱之為「船長的女兒」，原因很可能是不想招惹它們。飛沫代表波浪在深水中破碎，同時波峰也被風力擊潰。波浪持續增高，噴著水花的大浪對船隻而言最危險。它不只最尖陡，也最容易在船隻上方破碎，使數公噸海水拍打在甲板上。

為了避免這類危險，遠從古典時期開始，船員就發明了一種技巧。他們把魚油潑在船的四周，或把浸過油的破布放進袋子掛在水中，在風暴中使波浪平息下來。古希臘人似乎認為這種奇特的效果源自油膜擴散在水面上，可以降低風和水之間的摩擦。希臘歷史學家普魯塔克曾經提出疑問：「是否正如亞里斯多德所說，這麼做能使表面光滑，因此風不會造成波紋，也不會掀起波浪？」[6]。

18 世紀英國修士及學者聖貝德描述的鎮浪神蹟可能就是這種現象。聖貝德在著作《英吉利教會史》中提到有位神父即將遠行，某位艾登主教送他一瓶聖油，要他在船隻遭遇風暴時倒在水中。在這個例子中，油似乎具有神奇的效果，風立刻靜止下來，風暴隨之消散，天氣也轉為晴朗溫暖[7]。

1757 年，美國學者富蘭克林也著迷於這種現象，並在一次橫渡大西洋的旅程中注意到，關於鄰船的尾浪，有件事十分奇怪。在好幾艘船當中，有兩艘的尾浪格外平緩。富蘭克林這艘船的船長解釋，一定是這兩艘船的廚師把油膩的廢水倒進排水管，無意中使水平靜下來。

觀浪者
富蘭克林

富蘭克林顯然對這件事念念不忘，因為 16 年後他寫信給朋友威廉・布朗瑞格（William Brownrigg）時還提到，他住在倫敦時曾經做過實驗，研究油對波浪生成過程的影響：

我在克萊珀姆住了一段時間，公園裡有一大片池塘。有一天我看到池塘有明顯的風浪，我拿出一瓶油，倒了一點在水裡。我看著油在水面快速擴散，但弭平波浪的效果沒有出現。因為起先我把油倒在浪最大的下風處，風立刻把油吹回岸邊。後來我走到波浪生成的上風處，倒下不到一茶匙的油，水面立刻平靜下來，面積達到數碼見方，接著效果逐漸擴大，慢慢擴散到下風處，1/4 池塘平靜得和鏡子一樣，面積大概有半英畝[8]。

然而，富蘭克林依然沒有弄清楚油為什麼有這種效果。古希臘人認為油使水變得更滑溜，因此風不容易掀起波浪，但實際原因沒這麼簡單。

事實上，真正的原因是油影響水的表面張力。油在水面擴散成極薄的薄膜，油膜的表面張力小於水，因此使水不容易因為風的影響而產生波動，形成一公分高的毛細波。

讀者或許會認為，和海上風暴的滔天巨浪相比，小小的水面漣波不需要擔心。但不要忘了，剛生成的波浪會增加空氣與水的摩擦。小波浪使強風更容易掀動起伏的水面，讓風更容易把能量傳遞給水。油可弭平水面漣波，使風難以掀動水面，防止大波峰拍擊船隻甲板，改由船隻下方通過。

但如果有一天我們乘著小船四處遨遊，發現海面開始起浪時，先別急著把引擎潤滑油倒進水中，請記住這種油倒進水中沒什麼用。近年來以石油產製的油效果不佳，以魚肉等原料製造的有機油

「我們能把這艘船開回租船處嗎？」波塞利斯的《強風中的荷蘭船隻》呈現粗暴教養對波浪的影響。

擴散得更快更廣，才能有效馴服船長的女兒。

我們岔題談到克萊珀姆公園裡的實驗時，風暴持續呼嘯，在它的粗暴教養下，波浪長高到 12 ～ 15 公尺，相當於 4 層樓，波長則超過 200 公尺。現在它已經是完全成熟浪，代表其高度已經達到此風速下的最大值。

風暴掀起的波浪高度不僅受風的強度影響。海洋學家發現還有兩個重要因素：第一是風朝均一方向吹拂的水面面積，稱為吹風面積（fetch area），第二是風的吹拂時間，稱為吹風期間（fetch duration）。這些因素決定風暴是否能形成完全成熟浪。

　　想知道波浪在第三個發展階段結束時會是什麼樣子，只要看看任·波塞利斯 1620 年的小品傑作《強風中的荷蘭船隻》就可了解。這幅畫目前收藏在倫敦的國家海事博物館。

　　波塞利斯被同時代的藝術家塞繆爾·范·霍格斯特拉登譽為「海洋畫界的拉斐爾」，對海洋畫的普及居功厥偉。海洋畫只流行約一世紀，主要畫法是由接近水面的位置描繪波濤洶湧的水面。這幅畫相當小，比 A4 紙大不了多少，是波塞利斯這段時期的作品特色。戲劇化的透視效果，顯然讓觀看這幅畫的 17 世紀荷蘭貴族覺得彷彿是透過窗戶觀看一場海上酒館鬥毆。狂亂又不受控制的波浪騷動除了帶來恐懼感，也讓人感到著迷。

　　風暴終於過去，風也停息之後，波浪才進入生命的第四階段。令人驚訝的是，氣流靜止不代表波峰和波谷的狂亂騷動回歸溫和搖擺的平衡。風浪中形成的波浪在水中持續行進，但不需要外力推送。它們從風力推送的強制波（forced wave）變成自由波（free wave）。它們的心境可能隨它們成熟並邁入中年而改變，最後開始讓它們遠離過去。

　　海面的浪現在已經不是風浪，而是湧浪（swell），名字聽來似乎相當溫和。風暴雖然已經過去，但它傳遞給水的能量不會憑空消失。波浪不需要空氣推送就能持續存在，自顧自地向前推進。隨著波浪逐漸成熟，它們個性中的細微之處開始浮現。

自在的中年

海面的波浪成形後，散失的能量非常少，代表波浪能行進的距離相當遠。這個衰減的過程即使有少許能量散失，也大多是白頭浪所造成。以比較尖陡的波浪而言，能量散失因素還包括風吹在波浪上產生的空氣阻力，只有剛形成的毛細波才會因為水本身的黏滯性損失許多能量。因此，風暴產生的大型湧浪能在海上行進極遠的距離。

首先證明這點的是加州聖地牙哥史克里普斯海洋研究所的華爾特‧孟克。孟克現在已經 80 多歲，仍在史克里普斯研究所擔任榮譽教授，是現今最受敬重也最著名的海洋學家。他在二戰期間成為史上第一位設計出波高預測系統的科學家，盟軍部隊在北非地區的重要登陸行動都依據他的預測進行規劃，因為行動能否成功取決於海面平靜程度。

孟克於 1957 年發現證據，證明抵達墨西哥西岸瓜達魯普島的波浪來自印度洋上的風暴，距離遠達 14,400 公里[9]。10 年後，另一項與史克里普斯研究所同仁合作的研究則記錄湧浪在太平洋上從南到北的行進過程。他們在相隔數千公里的六個測量站裝置高靈敏度波浪測量設備，記錄海浪的行進過程。他們先跟隨南極洲風暴生成的湧浪，記錄它們經過紐西蘭、薩摩亞和夏威夷，再越過遼闊的北大西洋。這些波浪最後被位於阿拉斯加亞庫塔特（Yakutat）的設備捕捉，距離超過 11,000 公里，花費的時間大約是兩星期[10, 11]。

波浪的
長途旅行

湧浪行進這麼遠的距離之後，高度大幅縮小。孟克等人使用的測量設備可偵測波長長達 1.6 公里、浪高僅 0.1 公分的波浪。不過

有智慧的成熟湧浪彼此交會後揮手告別，不留下隻字片語。

波高大幅縮小不是因為能量消散，而是因為波浪從起源處朝四方擴散，風暴傳遞給海面的能量也隨波浪行進而擴散得愈來愈大。

我們都會隨年齡而邁入完熟，相較於風浪的狂暴騷動，成熟自在的湧浪遇到另一個湧浪時，表現顯得輕鬆自然。兩個湧浪到達相同的海域時，只會互相穿越，就像友善的幽靈一樣，接著繼續前進，不會互相干擾。兩道湧浪交會時，海面看來或許有些騷動，但都不會因此受到影響。

在風浪中生成的波浪行經開放海域時，大小不一的波浪形成的混亂開始變得整齊劃一。這是因為長波行進速度比短波快，就像在馬拉松賽中，跑者速度完全取決於腿長一樣，天龍跑得一定會比地虎快。起跑槍聲一響，大批身高不一的跑者一起出發，但依據腿愈長速度就愈快的簡單規則，這些跑者自然會分開，天龍領先，地虎

殿後。

大小不一的波浪也是如此。波浪行經開放海域時，長浪走得比短浪來得快（例如每小時 50 公里對 30 公里），因此湧浪會以整齊劃一的方式向外擴散。

成熟的波浪高度逐漸降低（原因是能量擴散面積愈來愈大），同時形狀變得平緩，風浪陡峭、尖銳的次擺線形波峰不復存在。現在波浪變得平緩許多，每個波峰看來都像綿長的起伏。維多利亞時代藝術評論家約翰‧魯斯金曾經這樣描寫：「整片海洋稍稍漲起，就像飽受風暴摧殘之後，胸口隨深長的呼吸而鼓起一般。」[12]

它的外觀變得平緩，現在更像莫內的作品《綠色波浪》裡的湧浪。莫內是創造描繪海洋的印象派技法的先鋒，另一位印象派藝術家馬內曾經說他是「水世界的拉斐爾」。

如果我是莫內，我應該會對馬內講不出更具原創性的讚美有點不爽。

～

進入生命第四階段的波浪行經開放海域時，風格遠比剛剛提到的馬拉松跑者來得神祕難解。事實上，湧浪是最奇特的波峰串。它的形式是一群群較大的波浪，中間穿插著間隔，間隔內波浪比較小，有時甚至幾乎沒有波浪。

但這並不奇怪，真正奇怪的是每個波峰的行進速度都比群體來得快。波峰來自群體後方比較平靜的海面，穿過群體，又消失在前方比較平靜的海面。要用比喻來解釋這種奇怪的特質

鬼魂馬拉松

莫內的《綠色波浪》（1866-7 年）
別看色彩，只看平滑又整齊劃一的湧浪。

很不容易，我想到的只有一列載滿馬拉松跑者**鬼魂**的火車。

　　這列火車吱吱軋軋地駛進車站時，速度恰好和慢跑差不多。車上這些已經死去的馬拉松跑者無法停止慢跑，所以會出現在每節車廂後方，跑過車廂，接著又消失在車廂前方。在車站等車的乘客會看到火車以慢跑的速度進站，鬼魂跑者則在列車前進時跑過每節車廂。在月台上看來，鬼魂行進的速度是車廂的兩倍。說來奇怪，波

浪在湧浪中的行進方式就是這樣。波峰以群體速度的兩倍穿過群體本身。

　　成熟波的詭異特性源於波長相近的波浪互相重疊。較長較快的波浪和較短較慢的波浪進入同一片水域，因此波峰和波谷相加及相減，像這樣：

假設有兩道波長稍有差異的海浪⋯　　　　兩者都朝這個方向行進⋯　➡

如果它們來到同一片水域，兩者會互相重疊⋯

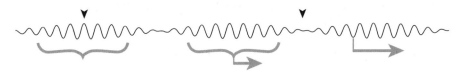

在波峰和波谷同步出現的地方，　　　　　但在波峰與波谷彼此交錯的地方，
兩者疊加，水面上的波浪變大⋯　　　　　兩者互相抵消，水面將變得比較平靜⋯

如此將形成一群群波浪，　　　　波浪群看來像　　　　　波峰彷彿穿過波浪群，
中間是比較平靜的水域⋯　　　　列車一節節的車廂⋯　　就像馬拉松跑者的鬼魂⋯

波峰先出現在波浪群後方比較平靜的水域，接著穿過波浪群，
再消失在前方比較平靜的水域，就像鬼魂穿過火車車廂一樣。
這麼簡單明瞭是不是很棒？

如果覺得湧浪這種詭異行為很難理解，那最好忘掉鬼魂的比喻，直接接受這個結果，就像詩人愛默生說的：「永遠存在波浪中的幻影。」[13]

～

到目前為止，關於波峰和波谷的討論或許都只是表面。那麼當波浪通過時，水面底下又是什麼狀況？

讀者們是否還記得，波浪通過時，水面的水如何沿大致呈圓形的路徑運動，波浪通過後，水又如何回到原始位置？事實上，水面下的水也是以相同方式移動，但深度愈深，這個圓愈小。深度到達1/2 波長時，圓形路徑完全消失。在波底（wave base）以下，波浪通過造成的水運動可以忽略，因此潛艇只要下潛 150 公尺左右，就可完全避免受到暴風雨影響。

其實水面以下也會出現波浪，而且規模通常比水面的波浪大上許多。這類波浪稱為內波（internal wave），是海洋中的巨人，可能出現在幽暗的海底深處，也就是不同海水層之間產生明顯分界的地方。如果不同海水層因為溫度或鹽度差異極大而使密度明顯不同，兩者的分界將具有類似海面的特性。波浪可在這個分界上行進，但從水面觀察不到。

推送內波行進的力量是潮汐活動，而不是風。內波的規模通常比表面波大上許多。波長可達 19 公里，波高超過 200 公尺。

潛艇潛到一定深度就能避開海面的風暴浪，但無法逃脫海底波浪的影響。1960 年代，俄羅斯潛艇就在試圖暗中通過直布

海底深處的
巨獸

波浪行進方向

波浪通過時，水沿圓形路徑移動，圓的直徑隨深度而逐漸縮小。

羅陀海峽時遭到內波襲擊，因而撞擊鑽油平台，這件事一定讓潛艇航員面紅耳赤。

　　從波浪可以得知海洋的心情。海洋輕輕拍打海岸，讓小船緩緩搖曳時，它平靜、溫柔又祥和。在大自然最可怕的時候，任何事物都無法抵擋海上的狂風暴雨。波浪具有極佳的表達能力，海洋也因此成為我們尋找恰當比喻時最好的靈感來源。

　　在古希臘詩人荷馬筆下，奧德修斯的海上歷險曾經多次對抗海神波塞頓降下的暴風雨。《奧德賽》呈現存在已久的渴望：人就像水手，在人生旅途中橫越驚濤駭浪的海洋，尋求旅程終點的寧靜海域。但對古代劇作家和詩人而言，風浪依然占了上風。人類與海洋的鬥爭如同對抗上帝的意志，考驗人類的英雄氣概和勇氣，但注定

沒有勝算。比荷馬晚 250 年的古希臘劇作家索福克里斯曾經寫道：「世界上有很多奇蹟，但人類是最大的奇蹟。藉助強烈的南風，橫越驚濤駭浪的海洋，在隨時可能吞沒自己的巨浪間穿梭。」[14]

波浪永不止息的起伏彷彿呼應人生的起落，所以觀浪很適合用來體會人生。可以想見，66 歲的惠特曼在紐澤西州納維辛克海邊凝視滾滾而來的海浪時，也沒想過海浪是噴出或崩解的碎浪：

以綿長的波浪，我找回我自己，反思
每個波峰都有些起伏的亮光或暗影，有些回想
喜悅、旅行、學習，靜默的風景，稍縱即逝的景色
久遠之前的戰爭，戰鬥、醫院的景象、傷兵和犧牲者
我自己走過每個逝去的階段，我無所事事的青春，手中只
有老邁
六十多年的人生累積，更多歲月來了又去
依據嘗試過的偉大理想，沒有意圖，整體而言毫無意義
某些時候碰巧合於上帝的安排，某些波浪，或一部分波
浪，
如同你的以及許多人的海洋[15]

波浪最吸引人的特質當然是形狀。許多藝術家認為波浪的平滑曲線是最美麗的形式之一，有如橫臥的女性體態。英國畫家威廉‧赫加斯在 1745 年繪製的自畫像中也加入蜿蜒的曲線，這條波浪狀曲線出現在畫中左下角的調色盤上，下面還寫著「美麗與優雅的線

祕密觀浪者赫加斯在自畫像《畫家和哈巴狗》（1745 年）中安排的神祕線索。

條」。這幅畫出名之後，許多人要求赫加斯解釋這個看來神祕的線索。為了解答他們的疑問，赫加斯寫了一篇美學專論，題目是《美的分析》。他在論文中解釋：「這條曲線同時以不同方式迂迴纏繞，引導目光愉悅地依循它的變化移動。」[16] 赫加斯同時指出，如果把這類線條看成「一艘船在波浪上的可愛運動」，感受到的愉悅不亞於觀賞「迂迴的步道和蜿蜒的河流」[17]。

如果當時已經有雲霄飛車，赫加斯或許也會提到它。我們不是因為雲霄飛車軌道的波浪狀曲線而特別喜愛它嗎？人生充滿起落，只不過現實生活中的起落幅度大上許多。我們享受上坡帶我們到達新天地的快感，卻苦於之後必然發生的，恐怖又刺激的下坡。

這個觀點是不是使「心情像雲霄飛車一樣上上下下」這句話顯得很老套？但我承認，當我們在現實生活中墜入情緒低潮時，通常不會高舉雙手，像妖怪一樣高聲尖叫。

我們不能說人體像波浪嗎？在我們年華老去時，體內的所有分子都跟剛出生時完全不同。我們攝取食物和生長時，幼小的身體吸收的所有養分最後都會被取代：每個氧原子、碳原子、氫原子和氮原子，以及構成我們出生時身體的所有元素，後來都會被取代。我們或許可說我們攝取及借用空氣、水和食物，就像海浪借用水一樣。

把波浪的比喻
引伸到極限

就這方面而言，我們和波浪相當類似。假如我們能使湧向岸邊的海浪停格，我們或許會說眼前這堆懸浮的水**就是**波浪。但波浪不是靜止的，其實波浪通過之後，這些水還是留在原地。雖然時間尺度相差許多，但通過水介質的波浪和通過身體中各種有形「介質」

的我們其實相當類似。

　　顯而易見地，思索海洋的起伏可能讓我們感到不安，可能帶來許多嬉皮式的想法。我們可能會在不知不覺間進入禪定冥想，思考萬物在人類心中彼此間的關聯。

　　　　　　　　　　　　　ᕈ

　　波浪接著進入生命中的第五個、也是最後一個階段。這時波浪或許已經以成熟期的怪異分組方式行進了數百公里，等到接近陸地時，才會再度變化。這可能是最具戲劇性的一次變化，更重要的是它的生命行將就木。這是陸地動物最熟悉的一個階段，波浪以雷霆萬鈞之勢拍擊海岸，同時釋放所有能量。

　　波浪進入淺水區時，開始步向終點。波底（水深為波長一半處，水隨波浪移動的最大深度），最先接觸逐漸升高的海床，波浪「碰到」下方地面，波浪底部行進受它與海床摩擦影響而減慢。波浪減慢時高度提高、斜度變大，因此形狀由平緩的起伏變回青春期時受強烈風暴擾動形成的尖銳次擺線形。

　　水深大幅縮小（減為波長的 1/20），水再也無法沿圓形路徑運動，由深水波變成淺水波的轉換到此結束。水面下的運動只有逐漸壓扁的橢圓形，因為波浪可通過的水量愈來愈少。運動路徑愈來愈扁，最後水面下的水只能前後移動。

　　現在波浪開始受一個規則控制：水愈淺，波浪行進速度愈慢，這個簡單定律使波浪碎裂成一大片泡沫的壯麗景象。

　　整個過程是這樣的：由於海床有斜度，所以波浪列車前端的波

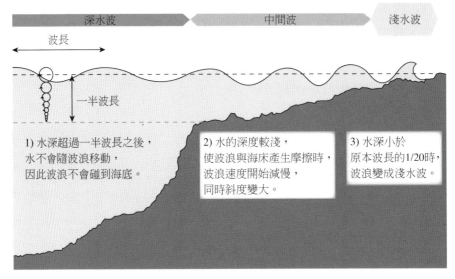

深水波　　　　　　　中間波　　　　淺水波

波長

一半波長

1) 水深超過一半波長之後，
水不會隨波浪移動，
因此波浪不會碰到海底。

2) 水的深度較淺，
使波浪與海床產生摩擦時，
波浪速度開始減慢，
同時斜度變大。

3) 水深小於
原本波長的1/20時，
波浪變成淺水波。

水深為波長的一半時，老化的波浪開始邁向終結。

峰會比後方波峰早減慢。此外，如同有一位馬拉松跑者絆倒，使後面的跑者跟著跌倒和踩過別的跑者一樣，水的起伏也會隨之壓縮。波浪壓縮時，水沒有其他地方可去，只能向上發展。

如果斜度適當，而且波浪能量足夠，波浪可能大幅增高而變得不穩定：在水面下方，波浪底部速度減慢，但頂部繼續行進，因此波浪會自己倒下，使波峰倒向前方並摔得粉碎。

海洋學家通常把碎浪（breaker）分成溢出型碎浪（spilling）、捲入型碎浪（plunging）和洶湧型碎浪（surging）三類。波浪破碎方式取決於海床斜度，海灘極淺時，波峰破碎，形成溢出型碎浪。白色海水的邊緣從尖端沿波浪前端一路延伸，看來好

認識碎浪

溢出型碎浪有白水形成的皺摺領，就如艾佛雷特《康威爾森南灣》描繪的樣貌。

像波浪戴著皺摺領。

　　1919 年約翰·艾佛雷特在《康威爾森南灣》（中描繪的波浪就是溢出型碎浪。艾佛雷特到世界各地旅行，經常上商船擔任航員，以便研究及描繪波浪。他沒有得到應有的肯定，但我想稱他為「溢出型碎浪畫的拉斐爾」。

　　捲入型碎浪是三種碎浪中最漂亮的一種，出現在海灘或礁石坡度較陡的地方。此時波浪尖端向前撲，因此在拍擊下方的水之前捲起，形成管狀。最吸引目光的捲入型碎浪稱為桶浪，衝浪客經常鑽

進這種浪，此時整片海水蓋在他們頭部上方，往往遮住整個人。

　　沟湧型碎浪出現在海床坡度最陡的地方，外觀完全不同，其實已經稱不上碎浪。海水只是潑濺在陡峭的海岸並再度退後，就像我們突然坐進浴缸時，浴缸另一端的水湧向浴缸邊緣一樣。這類碎浪是最樸素的一種，沒有白水形成的皺摺領也沒有落下的頂篷。

　　有些教科書還會提到崩潰型碎浪（collapsing）。這種浪介於捲入型和沟湧型碎浪之間，但這個說法太過吹毛求疵。事實上碎浪類型界線十分模糊，我們把它分類成三種或四種（甚至十種），對它的多變程度沒有影響。一個波峰朝海岸線推進時，可能會以許多種方式破碎。在這個地方是溢出型、接著回覆平緩，到了那個地方是捲入型，最後又變成樸素的沟湧型條紋。碎浪完全取決於海岸附近隨海床起伏的海底地形而變的水深，我們稱為海域地形（bathymetry）。這種把波浪分類的衝動代表我們渴望探究和分析世界，使連續事物變得容易理解（這也可以說明我為何堅持把波浪的生命分成五個完全不相關的階段）。

　　無論以哪種方式終結，波浪最後都消失在終年不變的海岸上，能量煙消雲散。波浪化為一片白水。在馬修·阿諾著名的詩〈多佛海灘〉中，它們消失在「卵石發出的刺耳聲響，海浪把卵石翻捲，一次次帶回海中又拋向高灘……發出悲切的永恆音符」[18]。

旅程的終點

　　波浪的生命故事就此結束。

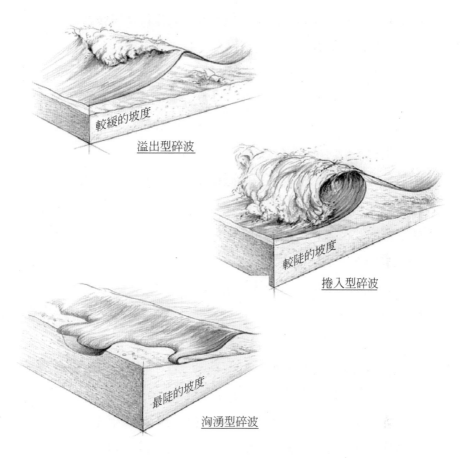

較緩的坡度

溢出型碎波

較陡的坡度

捲入型碎波

最陡的坡度

洶湧型碎波

覺得這些海浪全都一樣嗎？
觀浪者應該學著了解波浪破碎方式的細微差別。

不過現在為它哀悼似乎早了一點。

能量不會消失，只會從一種形式變成另一種形式。波浪拍打卵石時，能量不會就此消失，而是改變形式，繼續行進。舉例來說，

「卵石發出的刺耳聲響」就是一部分波浪能量轉換成聲音。

聲音也是一種波。

這種波動不是升高和降低的水波，而是不同的空氣壓力波，至少當聲音在空氣中行進時是如此。它看來跟海中的波浪完全不同，為什麼說它也是波？除了聲音是海浪能量轉世重生後的第二生命，這兩種波還有什麼共同之處？

波動重生

粉身碎骨的海浪還以哪些方式繼續存在？海上波濤洶湧時，我們可以感受到地面隨之振動。找個碎浪拍打不到、但臉上感覺得到濕鹹水氣的懸崖，在閃閃發亮的黝黑懸崖表面躺一下，可以感受到振動在體內迴盪。這類振動稱為微震（microseism），類似地震造成的震波，但比較溫和。碎浪能量穿過地面繼續傳播，這種波形式比較細微，但依然是波。

湧浪也有一部分能量轉換成熱，包括水中的熱和水邊的砂、卵石或岩石中的熱。熱與紅外波動有關。在紅外線相機拍攝的人像照片中，主角就是因為散發體熱才能被拍下。

紅外線是一種光，也是一種波。我們看不見這種光，但某些動物看得見。如果海浪拍打地面時可使地面溫度略微升高，則它放射的紅外線就是另一種更細微的波浪第二生命。但無論是可見光或紅外線，看來都和我們熟悉的水波**更加**不同。

儘管已經知道它們都是波，在心裡還是把它們當成不同的東西。不過在海岸上，這些區隔已經完全消失。在海浪壯麗地煙消雲散時，能量像不死鳥一樣浴火重生，轉世成另一種波。拍打卵石、形成泡沫的碎浪不是波浪生命的終點，只是第一章的結束。

海上的波浪確實引人入勝，但我了解海岸才是重點。芙蘿拉和
我在康威爾觀看的海浪引起我的好奇。現在我已經得知有助
於理解波的知識，以及它們在世界上扮演的神祕角色。我必
須深入研究拍打海岸的波浪，我必須浸淫其中，我必須找個假期造
訪觀浪者的聖地：夏威夷。

　　不好意思，我剛剛是說假期嗎？

　　其實應該是「研究之旅」。

注釋

1. King James Bible, Genesis 1:1-2.

2. King James Bible, Genesis 1:7.

3. Coleridge, S. T., 'The Rime of the Ancient Mariner', *Lyrical Ballads* (1798).

4. Swinburne, Algernon Charles, 'Laus Veneris' (1866).

5. Conrad, J., *The Nigger of the 'Narcissus': A Tale of the Sea* (1897).

6. Plutarch, *Morals: Natural Questions*.

7. Bede, *Historia ecclesiastica gentis Anglorum* (*Ecclesiastical History of the English People*), Book III, 15 (ad 731).

8. Franklin, Benjamin, 'Oil on Water', a letter to William Brownrigg, 7 November 1773, *Philosophical Transactions*, 64: 445 (1774). 你也可以在以下連結找到這封信：http://www.historycarper.com/1773/11/07/oil-on-water/

9. Munk, W.H., and Snodgrass, F. E., 'Measurements of southern swell at Guadalupe Island', *Deep-Sea Research*, vol. 4, no. 4 (1957).

10. Snodgrass, F.E., et al., 'Propagation of Ocean Swell across the Pacific', *Philosophical Transactions of the Royal Society A*, Mathematical, Physical & Engineering Sciences (1966).

11. 'One Man's Noise: Stories of an Adventuresome Oceanographer', written, produced and directed by Irwin Rosten, University of California Television (1994). 你可以在以下連結看到這部紀錄片：http://www.youtube.com/watch?gl=GB&v=je3QvqNdHl0

12. Ruskin, John, 'Of Waters as Painted by Turner' (1843), *Modern Painters*, Book 2, Chapter 3.

13. Emerson, Ralph Waldo, 'Seashore', first published in *May-Day and Other Pieces* (Boston: Ticknor & Fields, 1867).

14. Sophocles, *Antigone*, trans. R.C. Robb, *The Complete Greek Drama*, vol. 1, ed. W.J. Oates and E.G. O'Neill (New York: Random House, 1938).

15. Whitman, Walt, 'That Long Scan of Waves', from the cycle 'Fancies at Navesink', in *Leaves of Grass* (1891-2), first published in the magazine *Nineteenth Century*, August 1885.

16. Hogarth, William, *The Analysis of Beauty*, Chapter VII, 'Of Lines' (1753).

17. Hogarth, William, *The Analysis of Beauty*, Chapter XVII, 'Of Action', and Chapter V, 'Of Intricacy' (1753).

18. Arnold, Matthew, 'Dover Beach', *New Poems* (London: Macmillan, 1867). 抱歉在這邊省略了斷行。

第一波

行遍全身的波

唯一的問題是時間。冬天,風暴橫越北太平洋,掀起龐大的湧浪衝擊島鏈時,夏威夷的海浪最壯觀。我發現最適合觀察這個奇景的時間是 12 月和 1 月,不過有個問題,當時已經是 2 月底了。

所以我決定到離家近一點的地方觀浪。我很快就想到,其實我只需要照鏡子就好,因為覺得波只會出現在「其他地方」的想法根本不對。事實上,波隨時都在我們體內流動,人類也跟其他動物一樣依賴波浪生存。

波是人類生存的關鍵,血液藉由波在人體內流動。心臟一天推送 1 萬 6,300 公升富含氧氣的血液到動脈、靜脈和各個器官,加起來必須跳動 10 萬次,每次跳動都會形成一個波。

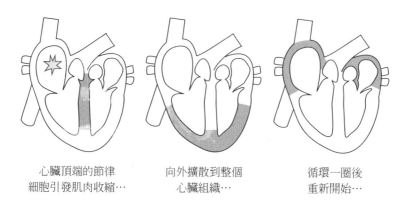

心臟頂端的節律　　　　向外擴散到整個　　　　循環一圈後
細胞引發肌肉收縮…　　　心臟組織…　　　　　　重新開始…

每次心臟跳動都是精細同步的肌肉波。

　　讀者們可能會覺得奇怪，心臟肌肉收縮看來和水面起伏完全不
同，為什麼都算是波？肥皂從手中掉到洗澡水裡時，在浴缸水面擴
散的漣波和心臟跳動究竟有什麼共同點？

　　這兩者都是行進的振盪，又稱為振動。某塊區域在兩種狀態間
來回變換時，鄰近區域也會跟著動起來，運動型態隨之向外擴散。
在浴缸裡，掉下來的肥皂擾動水面，使水面振盪，擾動同時呈環狀
逐漸擴大。在心臟中，肌細胞收縮和擴張就是向外擴散的振盪。這
類收縮和不斷變化的水面一樣，會從心臟組織的一個區域擴散到另
一個區域，不過方式相當不同。

　　微弱的電流產生運動波，使心臟跳動。肌肉組織內的細胞受電
脈衝刺激時收縮，但為了讓心臟有效率地推送血液，收縮必須迅速
擴散到心臟內壁各處。電流本身出自位於心臟頂端的節律細胞，這
團細胞造成微弱的「電擊」。這個電活動透過肌肉向外擴散，每個

細胞都會收縮，同時把電流傳給鄰近細胞。

　　細胞觸發後暫時無法再度收縮，就像力氣放盡，需要休息一樣。這類細胞興奮延遲現象稱為不反應期（refractory period），持續約 1/15 ～ 1/10 秒，可以確保波只會在肌肉組織內擴散一次。接著節律細胞自動再次觸發，再度產生心跳波。

　　我們的「內在神性」（17 世紀醫師威廉‧哈維曾經如此稱呼心臟）每天做的功相當於把一公斤重量舉升到聖母峰高度的兩倍，而且不需要雪巴人協助[1]。執行這麼重要的工作時，時機非常重要。為了讓心臟的四個腔室充滿血液，再以正確方式推送到全身各處，腔室必須以非常協調同步的方式收縮和擴張。心臟右邊兩個腔室把血液推送到肺部，讓血液吸收氧氣。左邊兩個腔室再把飽含氧氣的血液推送到全身各處。對推送時機而言，遍布整個肌肉組織的電訊號波形是否正確非常重要。波從腔室密閉端出發，朝瓣膜方向均勻擴散到整個肌肉組織，同時血液經過瓣膜向外推送。

心血管的
重大成就

　　不過心臟運作不是永遠都會如此順暢，只要波形稍有異常，心臟的推送能力就會受到影響。靶形波如同肥皂掉進浴缸時發出的「撲通」聲，正是我們不希望出現的波形，螺旋形波也是如此。以液體而言，螺旋形波就像我們用力攪拌奶茶時，奶茶沿杯緣旋轉形成的超小型「滿潮」。心肌內如果出現靶形或螺旋形波，將會破壞整個系統賴以運作的精密計時，這兩種波可能造成心律不整。心律不整與為心肌細胞提供氧氣和養分的動脈發生阻塞不同，所以通常不是心臟病發作的原因，但它造成的影響可能包含偶爾輕微不適的

心跳不規則到經常且明顯的心跳異常。前者大多不需要擔心，後者則可能導致嚴重心臟病發作，甚至猝死。此外在某些狀況下，節律細胞無法正確產生電訊號，這時可用人工心律調節器治療。人工心律調節器能以微弱電擊提供穩定的節奏，在正確時間製造波。

電訊號在不健康心臟組織中產生的靶形和螺旋形波，以及其後產生的收縮，都無法均勻有效地擴散到整個肌肉組織。造成這類波的原因相當多：有時是某塊正常肌肉細胞似乎遭遇身分認同危機，把自己當成節律細胞，製造錯誤的波；有時電訊號擴散受組織損傷或血栓影響而受阻或減慢，就像碼頭或港口岸壁破壞海浪一樣。

無論是哪種情況，都會造成重返節律異常（re-entry dysrhythmia），嚴重時可能造成彼此不協調的多個波在心臟組織中迴盪，甚至威脅生命的緊急狀況。這種狀況類似某種肌肉回饋，可能導致心臟痙攣而無法收縮的嚴重結果。（在醫療影集中，這時醫師會大喊：「患者有心室顫動現象，是緊急狀況，心臟去顫器到底放到哪裡了？」）這時必須儘快以直流電電擊心臟，掃除紊亂的電訊號。這種方法有點像很快地重新啟動電腦，順利的話，心臟就可重新正常推送血液。

但行遍我們全身的肌肉波有很多種，心跳只是其中一種。肌肉波或許引不起老練衝浪客的興趣，但其實他們應該感興趣，因為我們必須有這種波才能活下去。可能就是因為如此，這類肌肉收縮屬於不隨意收縮，而且大多數人根本察覺不到自己正在製造這種波。

舉例來說，蠕動波可把我們吞下的食物經由食道向下推送，進入胃中，這種肌肉收縮波又可把食物從胃推送到小腸加以消化。

蠕動波是人體內部的運輸工具，有些蠕動波幅度極小，例如氣管內部細小纖毛的波狀運動。這種運動是人體內部最文雅的肌肉波，帶動黏膜纖毛電梯（mucociliary escalator）這種巧妙的過程。這個過程聽起來似乎漂亮優雅，但其實不然：氣管內壁覆蓋著一層黏液，捕捉我們吸入的灰塵和污染物。這層黏液有效地攔阻空氣中的懸浮物質，防止它們傷害肺部。但該如何把黏液和污染物質送回氣管頂端排出，又不需要像沒禮貌的人那樣大聲咳痰？

黏黏的輸送梯

當然要靠纖毛波了。纖毛不斷跟鄰近纖毛不一致地擺盪，形成的波有點像蜈蚣快速行進時的腳部動作。這種協調的微幅運動可把黏液和污染物送到氣管上方，進入喉頭。這時纖毛波的任務已經完成，接下來要禮貌地吞下去還是要粗野地咳出來，都跟波無關，純粹是父母親教養的結果。

這類體內的肌肉波十分重要，所以不能讓意識控制。想像一下，如果我們必須自己**記得**要協調蠕動波和黏膜纖毛電梯，同時又要確定自己不會在心臟裡製造螺旋形波，會是什麼光景？這簡直就像在玩全世界壓力最大的電動玩具。腦子裡有這麼多事要處理，我們應該沒辦法好好參加晚餐派對，只能整個晚上坐著不講話，一臉緊張又認真，以後八成會變成拒絕往來戶。

要當個夠水準的觀浪者，應該知道三種基本波之間的差別。這幾種波的不同之處是介質（例如海浪藉以行進的水或聲音賴以傳播

傑克羅素㹴巴弟參加在加州聖地牙哥德爾馬舉行的第三屆衝浪狗大賽中的小型犬競賽。

的空氣）的運動方向不同。這三種波分別是橫波、縱波和扭波。

　　波的運動雖然令人著迷，但我很遺憾地說，它們的名稱真的讓人覺得有點無聊。為了避免無聊，我想藉由以這幾種波來行動的動物說明這幾種波的不同點。

　　我的意思不是動物也會衝浪，不過海豚確實是世界上最厲害的衝浪客。

　　我的意思也不是這樣（見上圖）。

　　不是的，我的意思是這些動物把身體轉化成肌肉波，當成行動方式。這類身體波最簡單的例子就是蛇。蛇是強大的掠食者，所以

牠的行動方式一定不差。巧合的是，蛇特別適合用來說明第一種
波：橫波。

　　橫波是蛇波的原因是它的振動方向垂直於波的行進方向。介質
上下或左右振動，讓波形向前移動，蛇以這種方式移動時稱為蛇形
運動。其實蛇的移動方式有好幾種，但蛇形運動是最基本的方式，
也是對自己有信心的物種都必須學會的方式，不論是眼鏡王
蛇或草蛇都一樣。蛇形移動時，整個身體隨時都與地面接
觸，形成 S 形，左右擺動身體，形成波浪狀。這種方式使肌肉波沿
身體從頭到尾行進，同時抵住兩側粗糙的地面，推送自己向前移
動。擺盪在地面形成連續彎曲線條，蛇身上每個點的移動路徑都與
前一個點相同，因為牠的身體波沿身體行進的速度與牠前進的速度
相同。

　　蛇在有許多樹枝、石塊和雜物等硬物的粗糙地面行進時，會採
取這種方式，以便取得立足點⋯⋯呃，應該是立「波」點。但大多
數蛇類能隨時變換多種運動方式，就像馬能隨時變換快走、慢跑和
快跑等各種步法一樣。蛇採取的行動方式依行進表面和打算行進的
速度而定。

　　如果地面過度鬆軟，例如流沙或滑溜的泥灘時，許多種蛇會改
為側進（sidewinding）的四輪傳動式蛇形運動，採用超快速橫波前
進。這種方式能解決鬆軟或滑溜表面缺乏阻力，蛇形運動無處可
抵，難以前進的問題。可以想見地，沙漠裡的蛇格外擅長這種技
巧，尤其是名稱就叫做 sidewinder 的角響尾蛇。

　　這種行動方式像是蛇形運動的立體變化版。蛇的身體橫向擺

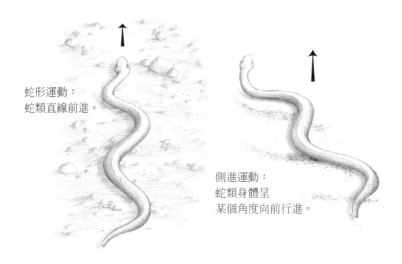

蛇形運動：
蛇類直線前進。

側進運動：
蛇類身體呈
某個角度向前行進。

蛇類是運用橫向身體波行動的高手，能側進的更是超級高手。

盪，同時上下起伏。結合垂直和水平兩種波，以類似軟木塞鑽的優雅動作行進，同一時刻只有 2～3 段身體接觸到沙，在地面灼熱時格外有幫助。蛇類側進時，身體指向與行進方向呈一定夾角，並在沙上留下一連串特殊的 J 字形痕跡。它是蛇類行動方式中最引人入迷的一種，也是動物界最華麗的橫波運用方式。

　　許多種蛇還會游泳，但要抵住水前進當然更不容易，因此蛇類在水中會改用另一種左右蛇形運動的變化版，稱為鰻形游泳。身體波在水中和陸上有幾項重要差異。舉例而言，蛇類身體起伏程度變得更大。換句話說，蛇類身體彎曲得更多，尾部左右擺動時距頭部更遠，因此波振幅加大。此外，由於水中沒有硬物可以抵住前進，所以波沿蛇類身體行進的速度遠快於蛇在水中行進的速度。

生活在印度洋和太平洋沿海溫暖水域的海蛇是這種行動方式的高手。如果看見海蛇，最好趕緊用手邊的推進工具朝反方向逃跑，因為海蛇是毒性最強的物種。海蛇的祖先原本生活在陸地上，但現在已經適應外海生活。海蛇的尾部全都是扁平狀，此外有某幾種（例如黑背海蛇）的身體高度略大於寬度，這兩個特徵都能提升在水中的推進力。海蛇是唯一讓身體波從尾到頭反向行進，以很酷的麥可傑克森方式游泳的動物。無論波朝哪個方向行進，就形式而言都是橫波。

除了蛇類之外，還有其他動物也發現這種好用的游泳方式。鰻、七鰓鰻和盲鰻都讓同樣的波沿身體行進，帶動牠們在水中前進。魟魚讓波沿兩翼側邊行進。在某些動物身上是優雅的大掃掠，在某些動物身上則是一排排小起伏。

魟魚的掃掠方向是上下而非左右，所以確實是橫波。魚類通常以尾部肌肉左右收縮產生的波提供在水中前進的動力，鯨類、海豚和海豹等水生哺乳動物則通常是上下揮動尾部，美人魚應該也是這樣。

無論是左右還是上下，這些都是橫波，因為它的起伏垂直於波沿身體行進的路徑。

如果波在體內各處流動時不受意識控制，那麼意識本身又如何？波是否能跨越有形和無形的界限，在我們的思想中占有一席之地？

我們的大腦當然也會使用波，但不是肌肉收縮的波，而是短暫

微弱的電化學反應，也就是神經元放電。

　　我們已經知道，電脈衝沿神經行進，把身體各處的感官資訊傳遞到大腦，反過來大腦也能送出訊號給神經，藉以控制肌肉和腺體。這些神經由稱為神經元的特殊細胞構成。每個神經元都有一條細管，稱為軸突，一端連接細胞本體，另一端連接一組分支。每個細胞透過細小的突觸連結另一個神經元或其他細胞。軸突長度通常不到一公分，但偶爾會長上許多，例如坐骨神經的長度就涵括整條腿。訊號在神經元上行進的方式是電化學波。

　　讀者們可能會把沿神經元行進的脈衝想成拍擊水面形成的波浪沿狹窄溪流上的水道行進。軸突內壁和溪流兩岸同樣都有波導（waveguide）的功能，引導脈衝沿固定路線行進。即使如此，脈衝跟水波仍然完全不同。脈衝不是有形的起伏，而是神經元內化學反應產生的電壓變化，是我們體內訊號互相溝通的基本元素。

　　除了大腦周邊神經內的神經元依靠電化學波運作，大腦內的神經元也是如此。大腦是人類中樞神經系統的中心，是極度複雜的神經元網路，每個神經元都是波導，負責傳遞電化學脈衝。

　　但腦波還有更精細的形式。這類腦波不是在個別神經元間傳遞，而是掠過大腦某個區域的**大片活動**，有點像風吹過稻田形成的稻浪。這種波不是源自神經元放電，而是神經元**準備**放電。

　　神經元去極化之後，放電的可能性會提高。這種狀況有點像一個人很激動時更可能大叫。愈來愈多證據顯示，哺乳動物大腦有一種運作方式取決於掠過大腦的激發波[2]。這種波經過大腦某個區域時，這塊區域中的神經元更可能會放電。我們可以把這種波想成樂

團上台之前瀰漫在觀眾之間的興奮感，每個人都可能會大叫、揮動雙手或跳起舞來。

但動物大腦中的神經元為什麼會產生這種去極化波？興奮的神經元產生的波又是什麼樣子？

令人驚奇的是，現在特殊染料可讓我們看見這種波，所以神經科學家已可藉由麻醉動物後露出小部分大腦，來觀察這種波掠過這個區域時的色彩變化。染料附著在神經元上，隨依場電位不同而改變色彩。場電位是神經元放電可能性的量測值。染料可讓我們看到掠過動物大腦表面的激發波。這種波行進速度非常快，必須以數位相機拍攝動物大腦直徑約 5 公分的區域，記錄其色彩變化來觀察。這種染料雖然已經使用 30 年以上，但攝影設備的靈敏度近年來才提升到足以精確研究這種波如何移動，這種波掠過大腦組織的模式讓人覺得相當眼熟。

美國華府喬治城大學醫療中心的吳建永教授（音譯）曾經以這種技術研究大鼠的腦波，他說明：「從目前的觀察結果看來，基本波形似乎有兩種。一種是靶形波，另一種是旋轉波或螺旋波。」

等一下，這兩種波形出現在心肌時不是會導致心跳停止嗎？看來對大腦而言，這兩種波形小規模出現時不需要擔憂。事實上吳教授認為，這兩種波形是哺乳類動物大腦活動的基本波形。目前觀察到大腦新皮質（動物大腦的最外層）有許多區域曾經出現這種波。這個區域與較高階的大腦功能有關，例如處理來自感官的資訊、控

制身體活動、參與意識思考，在人類身上還包括運用語言等。

吳教授告訴我：「以壓敏染料造影技術觀察各種大腦皮質處理過程時，幾乎每次都看得到波。」這類波會快速掠過烏龜、天竺鼠、蠑螈和猴子等各種動物的大腦外層新皮質。有意識的動物受到氣味、聲音、光或拉扯觸鬚等各種刺激時，這些波都會出現。

吳教授也發現，大鼠打瞌睡時，螺旋波會快速掠過大腦表面。他說：「我們可以猜測，這些螺旋波可能出自極少數局部神經元交互作用，而且或許可協助皮質脫離視丘的控制。」（視丘位於新皮質負責調節意識和警覺性的區域下方。換句話說，我們猜測，這些腦波可能會在新皮質上來來去去，就像神經系統中的雨刷一樣，清除視丘刺激造成的推理官能，讓可憐的動物漸漸入睡。）此外他還說：「我們認為這些波可能是神經元網路上產生複雜心理過程的方式，每個波都很簡單。不過這只是我們的假設。」

吳教授和許多研究這些難以理解的神經元激發波的科學家一樣，忍不住猜測這種波是否也是這個永恆之謎的一部分：這些神經元都只是簡單的生物開關，為什麼幾十億個連結起來之後，會變成會推理、有感覺、能思考的器官？儘管它思考的東西可能非常簡單，像大鼠一樣只想著怎麼鑽進你的櫥櫃找東西吃。

現在回頭談談三種不同的波吧？

第二種波是縱波。縱波平行於波的行進方向前後振盪，而不是左右振盪。所以如果說橫波是蛇波，那麼縱波就是蚯蚓波。因為這

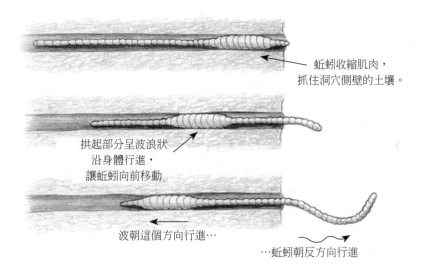

蚯蚓收縮肌肉，
抓住洞穴側壁的土壤。

拱起部分呈波浪狀
沿身體行進，
讓蚯蚓向前移動

波朝這個方向行進⋯

⋯蚯蚓朝反方向行進

沒有這些小小縱波，園丁們該怎麼辦？

些對園藝非常重要的地下耕耘者是將部分肌肉沿身體收縮和擴張，
藉以在土壤中移動。在蚯蚓肌肉收縮的部分，身體變粗拱起，以稱
為剛毛的小刺抓住地面。接著拱起的部分呈波浪狀沿身體行
進，推動蚯蚓前進。蚯蚓以這種方式行進時，身體不像蛇形
運動一樣左右擺動，而是前後移動，平行於行進方向。

縱波，
又稱為蚯蚓波

　　因此，蚯蚓的縱向肌肉波和蛇形運動的側向擺動相當不同，但
有幾種蛇也會以縱波行動，原因可能是想隱匿行動，也可能是體型
太大，無法在地面左右滑動。令人困惑的是，這樣因此也成為蛇類
運用蚯蚓波的範例。

　　長達 6 公尺的非洲岩蟒就是這種胖子。牠讓細小的縱波沿身體

行進，藉以緩緩前進。體型同樣「壯碩」的紅尾蚺也會以這種方式前進。這種蚯蚓運動稱為直線運動，是大型蛇類藉由收縮和擴張肌肉，以類似肚皮舞的方式直線前進。

蛇類肌肉收縮拱起的位置，腹部的鱗片略微張開，就像有好幾百個指甲，幫牠抓住地面，功能和蚯蚓的剛毛相同。蛇類沿著身體收縮和擴張，讓抓住地面的部分向後移動，藉此緩緩前進。

對某些頭腦靈活的蛇類而言，無法左右擺動前進反而成為偽裝成樹枝，趁機攫取獵物的好機會。不管是胖蛇還是瘦蛇，都必須同時具備強而有力的肌肉和鬆弛的皮膚，才能以這種方式行動。對人類而言，這兩個條件不太可能兼得，就像同時具備強壯的二頭肌和蝴蝶袖一樣。

運用這類縱波需要優異的腹部控制力，看來似乎相當困難，對大塊頭的蛇而言尤其如此。但直線運動其實相當省力。整體肌肉運動量非常小。巨大的非洲岩蟒以這種方式行動時，每天只需要消耗20大卡熱量，以熱量攝取來計算，相當於吃下一個生的鵪鶉蛋＊。這樣似乎有點可惜，聽起來牠應該可以多運動一點。

讀者們或許會有興趣知道，我們的大腦皮質結構跟大鼠很像。所以如果齧齒類動物漸漸入睡時，大腦中會出現螺旋波，晚上我們

＊ 顯而易見地，岩蟒吃下瞪羚、鱷魚或青少年這麼大的動物之後，不需要再吃東西就能活上一年之久。

躺在床上時，**我們的**大腦皮質也會出現同樣的風暴。下次我們因為腦海一直出現某首惱人的歌曲而無法入睡時（可能是詹姆斯·布朗特的〈美麗的你〉〔*You're Beautiful*〕），只要用意念讓去極化波產生作用就可以了。如果可以攪動一下，促使這種波在大腦起伏的皺摺間旋轉，它或許就能幫忙掃除新皮質受丘腦的刺激控制，進而讓我們的意識脫離這首庸俗的流行歌。

這麼高段的自我控制聽來好像不大可能，但有人運用神經回饋（neurofeedback）技巧，觀察到大腦內的電活動，甚至練習控制大腦行為。信不信由你，有人甚至能完全靠意念玩電腦遊戲。想像一下，只靠黏在頭皮上的兩個黃金小電極控制遊戲機，不用搖桿、按鈕和任何裝置。電極感應大腦中的電訊號，讓螢幕上的人物移動。藉助神經回饋機器，我們只要練習改變神經放電的節奏，就能控制動作。

看，我可以不用手

但不要期望今年耶誕節就能收到這樣的禮物。這種電腦遊戲本身通常相當簡陋，因為它的設計目的不是娛樂，而是展現（或回饋）通常深藏在腦中的節奏電脈衝。只要我們看得見脈衝，就能練習影響它們。

我們為什麼想這麼做？嗯，首先，如果不幸有癲癇或注意力不足問題，或是正在準備難度相當高的音樂表演，就會想這麼做。喔對了，在世界杯足球賽場上準備主踢罰球時也會。

1924 年，德國科學家漢斯·伯格在繪製史上第一張人類腦電圖時，發現人類大腦會以規律節奏放射脈衝。他把銀箔電極貼在 15 歲兒子克勞斯的頭皮上，測量他大腦中神經元放射的電訊號。

神經元一個觸發一個，微小的電流穿越神經元分支和另一個細胞本體間的空隙，也就是突觸。雖然貼在頭皮上的金屬電極太過粗糙，感測不到單一神經放電，但伯格等早期神經科學家發現，它們還是能感測到幾千個神經元集體活動產生的電訊號，變化幅度只有千分之幾伏特。這些神經元是位於電極正下方的大腦表層（大腦皮質）的腦細胞。

伯格在觀察克勞斯的大腦節奏時，發現這些訊號的內容和我們想的不同，不是數千個神經元任意產生的隨機資料，而是有明確的脈衝。事實上，克勞斯安靜但很清醒地坐著時，電壓有變化，但節奏本身依然相當規律：一直是每秒從負到正循環 10 次左右[3]。

伯格家裡絕對不會無聊。他還把 EEG 電極貼在 14 歲女兒艾爾絲的頭皮上，要她計算 196 除以 7 是多少。艾爾絲心算時，訊號脈衝速度加快了。我不知道他的兩個小孩是不是已經覺得煩了，告訴他可以把腦波機貼在哪裡，但他很快就嘗試測量嬰兒和幼童的腦部訊號。他測量不到嬰兒和幼童的脈衝，所以斷定嬰兒的大腦還在發育中，沒有明確的節奏，至少要等到 2 個月大才測量得到。伯格顯然不管遇到誰都想測量一下腦電波，甚至還測量過垂死的狗的訊號，發現可憐的狗生命逐漸消逝時，EEG 的軌跡變成一條直線。

伯格測得的每秒 10 次節奏其實只是人類大腦產生的眾多 EEG 頻率之一。這類腦波的主要頻率取決於電極位置和受試者的清醒狀態，包括清醒或睡著、眼睛張開或閉起、專注於耗費腦力的事物，或是在觀賞《X 檔案》。科學家現在把這些頻率分成四個頻帶。

每秒10次的規律脈衝，當成參考訊號：

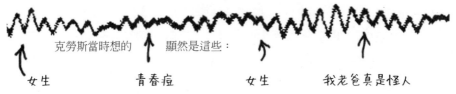

伯格的15歲兒子克勞斯頭皮上的電極測到的訊號：

克勞斯當時想的　　　　顯然是這些：

女生　　　　　青春痘　　　　女生　　　　我老爸真是怪人

1924 年，伯格把電極貼在 15 歲兒子的頭皮上，記錄這位少年的腦波，同時證明他的神經元以規則脈衝放電。

　　頻率最低的腦波稱為 δ 波，每秒循環 4 次以下。δ 波活動大多出現在熟睡時，但嬰兒除外。嬰兒即使在清醒時，δ 波依然是主要頻率。此外，昏迷患者有時也會出現 δ 波。每秒循環 4 ～ 7 次的是 θ 波，這是我們入睡時最常見的頻率。

　　θ 波是最令人尷尬的腦波，因為我們最容易把這個波跟早上通勤時頭歪到一邊、嘴巴滴出口水的難看模樣聯想在一起。每秒循環 8 ～ 12 次的 α 波是我們安靜放鬆時的主要頻率。每秒循環 12 次以上時，就進入 β 波的範圍。15 ～ 18 次是我們專注於複雜事物時的主要頻率，例如這個句子*。

各種場合的
腦波

─────

＊ 有些神經科學家把每秒循環 40 次以上的高頻率腦波稱為 γ 波。這類高頻腦波有時出現在睡眠快速眼動期和冥想狀態中。

1970 年代，美國加州大學洛杉磯分校醫學院的巴瑞・史特曼博士證明，癲癇患者如果學會改變大腦位於頭頂附近的特定區域的活動節奏，可以顯著降低癲癇發作次數 [4, 5, 6]。癲癇發作時，患者的大腦以不正常的方式運作。癲癇發作雖然有許多種，但特徵通常是很高的 EEG 電壓掠過整個大腦，所有區域的脈衝完全同步，這種狀況和一般大腦活動完全不同。一般狀況下，大腦各個區域以不同的頻率運作，分別執行自己的工作，因此癲癇發作很像一波電活動浪潮掃過大腦。在成人身上，這片同步脈衝通常是每秒循環 4 ～ 7 次的 θ 波，所以史特曼運用神經回饋技巧，讓患者學習防止同步的 θ 波出現。

他把 EEG 電極貼在大腦知覺運動帶上方，這個區域位於患者頭頂，與肌肉控制有關。一般人主動放鬆肌肉時，大腦這個部分會產生每秒循環 12 ～ 15 次的大量腦波活動。我們放鬆時，這個區域的低 β 波頻率範圍相當特別，所以被稱為知覺運動節奏。史特曼的理由是這樣的：如果受控制的肌肉與這個區域每秒循環 12 ～ 15 次的頻率有關，且癲癇發作與整個大腦每秒 4 ～ 7 次的頻率有關，則我們可以訓練患者多產生某種波，同時減少另一種波。史特曼使用特殊裝置。當患者知覺運動帶的頻率處於 SMR 範圍時，此裝置會亮綠燈，頻率掉到 θ 波範圍時則亮紅燈，藉此訓練癲癇患者控制腦波。

接受訓練後，患者學會加強與肌肉控制有關的腦波，但很難解釋他們如何學會改變大腦節奏。史特曼說明，要讓綠燈亮起必須主動放鬆，專注於鎮定身體，他說：「我們要自己安靜時，這是運動

系統的待命狀態。可以想成是暫停鍵。」[7] 練習幾輪讓綠燈亮起、紅燈熄滅後，癲癇患者確實能學會提高 SMR 頻率，同時防止 θ 波出現，進而大幅改善病況。

癲癇患者接受神經回饋訓練的效果已經多次被證實[8, 9, 10]。2000 年，史特曼檢視全世界把神經回饋運用在癲癇患者身上的研究，發現這些研究有「壓倒性的肯定結果」。10 位未服藥治療癲癇的患者接受神經回饋訓練後，有 8 位的癲癇發作次數降低了 50% 以上。治療結束後，有 5% 患者**完全未再復發**，時間最長達到一年[11]。神經回饋現在已是確認有效且可行的藥物替代療法[12]。

這種技巧也可用於治療兒童注意力不足過動症（ADHD）等神經學病症[13]。但要讓有注意力困難的兒童集中精神，說來容易做來難，所以專家設計新的神經回饋課程，讓兒童的腦波回饋因素不是紅綠燈，而是電腦遊戲。兒童提高到需要的腦波頻率時，就可進到下一關，回到有問題的頻率時，就會被打回去。

位於倫敦的神經回饋治療師梅莉莎・佛克斯向我解釋：「ADHD 兒童大多是大腦前區緩慢的 θ 頻率比較快的 β 頻率多出許多。」但 θ 波不是我們快入睡時產生的波嗎？過動兒多一點這種腦波應該沒關係吧？

佛克斯解釋：「想像一下我們正開著車行駛在公路上。時間接近深夜，我們極力保持清醒。我們可能會搖下車窗、把音樂開得很大聲、用最大的聲音唱歌，用盡各種方法讓自己清醒。」過

對抗 θ 波

動兒也是以同樣的方式對抗讓他們打瞌睡的 θ 頻率腦波。所以 ADHD 患者通常需要服用利他能等**興奮劑**，這類藥物反而能幫

助他們平靜下來。佛克斯說：「他們是在瘋狂地努力讓自己不要打瞌睡，但這種行為在教室裡沒有幫助。」

嚴謹的臨床研究已經證實神經回饋訓練對 ADHD 和癲癇患者的助益，但神經回饋訓練也可用於治療許多其他病症，包括自閉症類群、頭部損傷、藥物成癮和憂鬱症等。它用於治療這些病症的效果通常較偏向個案研究，所以科學可信度較低。

但神經回饋不只能用於治療腦部障礙。2006 年世界盃足球賽冠軍義大利隊中有幾名成員就曾經接受這種訓練，協助他們在主踢罰球時保持冷靜。當然，沒有目標可用來比較，沒有人能確定神經回饋訓練確實有益。

但倫敦皇家音樂學院學生接受神經回饋訓練，以便在表演前減少緊張的例子就不一樣了[14]。這些學生接受訓練，減少頻率較高的 α 波，同時增加頻率較低的 θ 波。這麼做的理由是增加讓人打瞌睡的 θ 波可協助學生在表演中放鬆。

在接受 10 次治療前後，他們每個人各錄了一段表演同一作品的影像，接著交由其他考核員判定。影片順序經過調動，考核員不知道哪一段是訓練前或訓練後，另外還加入接受其他放鬆治療的學生的表演影片。另外一些學生投入相同的時間運動、接受心理技巧訓練、學習亞歷山大技巧（一種用來減少壓力的姿勢訓練），或是加強其他頻率腦波的神經回饋訓練（用來解釋這類看來特異的治療方式的安慰劑效果）。

音樂白老鼠

考核員為表演打分數時，結果十分令人驚訝。考核員完全不知道哪個學生接受過哪種訓練，也不知道哪段表演是「訓練前」和

「訓練後」，但評定接受過增加「放鬆的」θ波的神經回饋訓練的學生表演時確實有進步，平均進步幅度相當於兩年經驗。其他學生則被認為完全沒有進步。他們一定覺得這樣有點不公平，但運動組應該不會抱怨，因為他們至少變苗條了。

～

如果腦波感覺上太虛無飄渺，那麼何不回頭看看比較實際的東西？例如三種力學波中的最後一種：扭波。

橫波由左右運動構成，縱波由前後運動構成，扭波行進的方式則是扭轉運動。這種運動可能相當細微，所以我們不太好注意到。扭波可在藉由反彈恢復原狀，用以抗拒扭轉的物體上行進。假設我們把長金屬桿的一端黏在牆上，讓它垂直於牆壁，再把方向盤焊在另一端，扭轉一大圈之後放手。扭波就會左右扭轉，同時沿鐵桿在固定端和方向盤間行進。你沒辦法想像這麼做？

鑽井業工人大概是世界上唯一隨時都在思考這種波的人：鑽挖岩石產生不斷變化的應力，同時使扭波在鑽桿和套管上下行進。所以如果接下來要設計鑽油平台的話，請務必記住這點，其他時候就不用過度顧慮扭波了，因為扭波比其他波少見得多。

這會造成一些問題。

如果我要以動物行動方式完整介紹這種波和運動三部曲，就得找個以扭波當成行動方式的動物當成例子，問題是我這輩子應該都找不出來。

嚴格說來，唯一比較接近的生物甚至連動物都稱不上，而是微

生物。微生物中有幾種細菌的推進器是尾巴狀的鞭毛,有點像人類精子的尾部。大腸桿菌和沙門氏菌就是這樣。有些菌種不只能擺動尾部快速前進,而且如果我們吃下沾有這些細菌的食物,牠們還會讓我們快速前進到廁所,甚至可以前進到醫院。但這些微生物的鞭毛不像精子一樣左右擺動,從而產生向前行進的橫波。牠們的尾部繞著超小型發動機不斷旋轉,有點像綁在螺旋槳上的繩子。螺旋槳扭轉時,鞭毛朝四面八方甩動,推動細胞前進。

這類細菌似乎是最好的例子。但唯一的問題是沒有證據可以證明扭波確實沿鞭毛行進。穩定旋轉讓尾部能同時上下甩動和左右擺動,只能算是假裝扭波的 3D 橫波。

可惡,我找不到生物以扭波行動的例子,那我能改用扭波讓生物**無法行動**的例子來代替嗎?

我得先提醒讀者們,這是個悲傷的故事。這隻三腳可卡犬塔比的遭遇不怎麼美好。

⌇〜

塔比是在 1940 年遇上扭波的。當時牠在汽車後座,汽車行駛在塔科馬鎮附近一條橫跨普吉特灣的橋上,位於西雅圖南邊 65 公里。開車的是當地記者李奧納多・柯茲華斯,塔比坐在後座,是柯茲華斯的女兒最得意也最喜歡的寵物,也是全家的樂趣。

扭波
又稱為塔比波

塔科馬海峽吊橋四個月前完工啟用時就經常搖晃。它在建造時就經常振動,因此建造者稱它為舞動的格蒂,許多工人在工作時嚼

法卡森教授在塔科馬海峽大橋上試圖營救塔比，但無功而返。讀者們看得出扭波的細微運動嗎？

檸檬，避免出現暈船現象。但在當天之前，振動只是小幅度起伏，整個橋面隨風微微上下。

　　收費橋樑管理局請到華盛頓州立大學工程系教授法卡森研究如何抑制這類橫波。沒有人認為這種波危險，橋樑即使正在搖晃也依然正常通行。

　　但到了 11 月 7 日，每小時風速將近 68 公里，這條長度近 1 公里的吊橋的中央部分出現可怕的扭轉運動。柯茲華斯開到橋中央

時，橋扭轉得非常嚴重，他控制不了車子，只能大力踩下煞車。車子周圍的混凝土開始碎裂，他跳出車子，落在柏油上。柯茲華斯沒辦法打開車門救塔比，爬了將近 500 公尺到穩定的橋塔附近，手腳都因為在扭轉的路面上滾動而擦傷流血。

顯然當天的風造成了某種更劇烈的振動。法卡森教授剛聽到新聞講這條橋樑「舞動」得比平常更厲害，就馬上拿著攝影機開車過去觀察。他一到達，就立刻看見沿橋樑振動是扭波的扭轉形式，而不是常見的橫波的上下振動。當天早上，橋樑中央部分的道路其中一邊先抬起，接著另一邊抬起，就像扭波沿橋樑來回行進。風速正好讓結構無法由扭轉運動回復。所以，橋樑中段在穩定的風中開始搖晃時，扭轉振動也慢慢變得愈來愈劇烈。

法卡森把攝影機架設在扭轉運動最小的橋墩上，拍攝柯茲華斯的車在中央部分傾斜搖擺[15]。柯茲華斯告訴他，可憐的小狗蜷縮在後座。教授顯然愛狗勝於愛貓，所以他決定做對的事，準備出手相救。

法卡森拿著菸斗，極度小心地從橋塔架設攝影機處走到中央部分。他順著道路中央的標線走，因為這是橋樑扭轉的中心軸，比較穩定。但路的兩邊當時以每幾秒鐘上下 3 公尺的幅度振盪。

法卡森離開安全的道路中央線，靠近位於橋樑左邊的汽車，他像個喝醉酒的特技演員，搖搖晃晃地走過去，打開車門，想抱塔比出來。但是可憐的小狗被扭波傾斜搖晃的運動嚇壞了，本能地咬了教授的手。教授為了對抗橋樑的劇烈運動，只能決定不管塔比。這一咬使塔比因而喪命。

教授搖搖晃晃地走回安全的平地後，橋樑中央部分崩塌。扭波嚴重破壞大樑，大樑損毀塌下，汽車和可憐的塔比也跟著落水。

在第二天見報的報導上，柯茲華斯回想他看著橋樑塌下時的一刻：「雖然我親眼目睹真實的慘劇、災難和破碎的夢想，但在這一刻，我覺得最害怕的是，幾小時之內，我必須告訴女兒她的狗死了，但我原本其實救得了牠。」[16]

我們雖然能把物質波分成橫波、縱波和扭波，也就是蛇波、蚯蚓波和塔比波，但其實真實世界中有許多波包含一種以上的波。就拿海浪來說好了，水在波浪通過時的圓形運動路徑，就兼具上下和前後兩種運動。水看起來似乎只是隨波浪通過而升起落下，但其實包含橫向（上下）和縱向（前後）兩種移動，結合形成圓形運動，在深水裡游泳就能感覺到這一點。波浪通過時，我們不只感覺到升起和落下，波浪接近時還會覺得被拉上波峰，波浪遠離時則被短暫拉住。接近海岸時，水面下的水橫向移動受到限制，所以移動軌跡愈來愈扁平。

看過扭波的怪異性質後，讀者們可能會覺得不可能有動物同時運用橫波和縱波來推動自己前進，但這種超級動物確實存在，就是腹足動物，也就是我們都知道的蛞蝓和蝸牛。

現在我們回到正軌了，雖然這個正軌有點滑溜。

這些菜園裡的有害動物巧妙地結合橫向和縱向移動，在深夜裡滑向我們最喜歡的青花菜梗。我們必須仔細觀察牠們閃閃發亮的腳

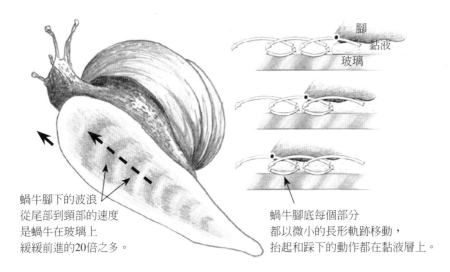

腳
黏液
玻璃

蝸牛腳下的波浪
從尾部到頸部的速度
是蝸牛在玻璃上
緩緩前進的20倍之多。

蝸牛腳底每個部分
都以微小的長形軌跡移動,
抬起和踩下的動作都在黏液層上。

這種滑溜的小動物巧妙地結合橫波和縱波,可以在牠們爬上窗玻璃時觀察到。

底,才能了解是怎麼回事。但牠們的腳的起伏非常細微,除非牠們爬上窗玻璃,否則沒有機會觀察到牠們黏呼呼的波。從玻璃另一面觀察,可以看出微小的深淺肌肉波沿身體移動。深色區段代表腳底稍微離開黏液路徑,淺色區域代表腳底踩在黏液上。

令人驚奇的是,在常見的花園蛞蝓或蝸牛身上,肌肉波是由尾部朝頭部行進。牠略微提高尾部同時拱起,再把尾部尖端放在稍微前面一點的地方。腳底的細微扭結先形成,向前行進到另一頭,直到頭部尖端抬起後再放在前面一點點。

事實上,同一時間有好幾個同樣的波在行進,尾部抬起並放在前面一點,前一個波抬起腳底時,立刻開始另一個波。有些腹足動

多工作業的
腹足動物

物以從頭部行進到尾部的波移動，有些甚至會在腳底兩邊產生不同的波，而且兩者不同步，一邊放下時，另一邊抬起。無論波在腳上朝哪個方向移動，肌肉每個部分都以大致呈橢圓形的軌跡，從邊緣開始移動。表面的每一點同時前後和上下移動，使波沿身體移動。我想我們可以說，這種橢圓形軌跡是蛞蝓和海浪唯一的共通點。

索爾・貝婁在《珍重今朝》中寫過：「大自然只知道一件事，就是現在、現在、現在，就像大浪、猛浪、巨浪－龐大、明亮、美麗，充滿生命與死亡、直衝雲霄，矗立在海上。」

我們內在的波浪是體內的基本運輸系統，我忍不住好奇，我們死亡時這些波浪會怎麼樣？會像海浪打上海岸一樣「碎掉」嗎？

輸送食物、血液等物質到體內各處的不隨意肌肉波，以及在神經和大腦間傳遞訊息的電化學波，跟海浪之間有個基本差別：不能自行延續。水面的波浪被風掀起之後，就能依靠重力和水的表面張力，在水面行進一段距離，並不需要風繼續推送。我們體內的波則是依靠持續輸入能量而行進。心臟每次跳動都要消耗能量，神經元每次放電也會燃燒熱量。生命的氣息耗盡，流遍肌肉和神經組織的波也會隨之止息。我們死亡時，這些波就會中斷，推動它們行進的反應也會停止。

儘管如此，我們還是很難接受，人類的肉體受能量而活動，就像水在波浪能量作用下呈現的樣貌。當波浪破碎在岸上時，能量會分散到周圍，因為能量不會消失，只會改變形式。所以，當生命的

化學引擎停止運作時，維持我們生存的能量也會逐漸消散。

　　誰知道在我們體內日夜循環的波最後會停在哪裡？沒有人知道我們死後，這些波最後會在哪個海岸歸於寂靜。已經過時的 19 世紀英國詩人湯瑪斯・胡德有一首詩是這麼寫的：

> 我們整夜觀看她的呼吸
> 她的呼吸輕柔又低緩
> 胸部如同生命的波浪
> 緩緩上下起伏
>
> 但早晨帶著黯淡和悲傷來臨
> 驟雨帶來涼意
> 她靜默的眼皮合起，它將會
> 擁有比我們多一個早晨。[17]

注釋

1.　Miller, David J., 'Heart', in *The Oxford Companion to the Body*, ed. Colin Blakemore and Sheila Jennett (Oxford: Oxford University Press, 2001).

2.　Wu, J.Y., Huang, Xiaoying and Zhang, Chuan, 'Propagating waves of activity in the neocortex: what they are, what they do', *Neuroscientist*, 14 (5): 487-502 (October 2008).

3.　Berger, Hans, 'Uber das Elektrenkephalogramm des Menschen', *European*

Archives of Psychiatry and Clinical Neuroscience, vol. 87, no. 1 (1929).

4. Sterman, M.B. and Friar, L., 'Suppression of seizures in an epileptic following sensorimotor EEG feedback training', *Electroencephalogr Clin Neurophysiol*, 33:89-95 (1972).

5. Sterman, M.B., MacDonald, L.R., and Stone, R.K., 'Biofeedback training of the sensorimotor electro-encephalogram rhythm in man: effects on epilepsy', *Epilepsia*, 15:395-416 (1974).

6. Sterman, M.B., and MacDonald, L.R., 'Effects of central cortical EEG feedback training on incidence of poorly controlled seizures', *Epilepsia*, 19: 207-22 (1978).

7. Quoted in Robbins, Jim, 'A Symphony in The Brain: The Evolution of a New Brain Waves', *Biofeedback* (New York: Grove Press, 2000).

8. Lubar, J.F., and Bahler, W.W., 'Behavioral management of epileptic seizures following EEG biofeedback training of the sensorimotor rhythm', *Biofeedback Self Regul*, 7: 77-104 (1976).

9. Lubar, J.F., et al., 'EEG operant conditioning in intractable epileptics', *Arch Neurol*, 38 (11): 700-704 (1981).

10. Lantz, D., and Sterman, M.B., 'Neuropsychological assessment of subjects with uncontrolled epilepsy: effects of EEG biofeedback training', *Epilepsia*, 29:163-71 (1988).

11. Sterman, M.B., 'Basic concepts and clinical findings in the treatment of seizure disorders with EEG operant conditioning', *Clin Electroencephalogr*, 32 (1): 45-55 (2000).

12. Sterman, M.B., and Egner, T., 'Foundation and practice of neurofeedback for the treatment of epilepsy', *Applied Psychophysiology and Biofeedback*, vol. 31, no. 1 (March 2006).

13. Arns, M., et al., 'Efficacy of neurofeedback treatment in ADHD: the effects

on inattention, impulsivity and hyperactivity: a meta-analysis', *Clin EEG and Neuroscience*, 40 (3):180-89 (July 2009).

14. Egner, T., and Gruzelier, J.H., 'Ecological validity of neurofeedback: modulation of slow wave EEG enhances musical performance', *Neuroreport*, 14: 1221-4 (2003).

15. 法卡森教授以及一位鄰近的攝影機專賣店主所拍攝的影片已經成為公共工程系學生必看，針對忽略風力的建築設計的危險範例。整座橋像彈力帶一樣扭轉的景象令人難忘，你可以很輕易的在 YouTube 上找到這段影片。

16. 你可以在華盛頓州交通部的網站找到有關 1940 塔科馬海峽吊橋悲劇包括目擊證詞等的細節：www.wsdot.wa.gov/tnbhistory

17. Hood, Thomas, 'The Death-Bed' (1831), *The Poetical Works of Thomas Hood* (London: Frederick Warne & Co., 1890).

第二波

讓世界充滿音樂的波

美國詩人奧利佛・溫德爾・霍姆斯曾經寫過：「無論用什麼腔調發音，單字都是空氣振動產生的波。」[1]

把單字唸出聲來，或是任何一種聲音，都是聽得見的聲波。我用「聽得見」這個形容詞，是因為大多數聲波是聽不見的，雖然這聽來有點荒謬。

聲波其實指的是使**任何**物質壓縮和膨脹而行進的各種波，這裡所說的物質可以是固體、液體或氣體。這種波和水面的波浪不同。聲波的「波峰」到達時，它通過的物質互相推擠，形成一段短暫的緊密（或高密度）區域。換句話說，介質不會像海浪通過時一樣升高和降低，只會前後移動，因此聲波是縱波。介質的實體運動方式和蚯蚓的肌肉一樣，一面不斷膨脹和收縮，一面在土壤中慢慢前

進。聲波的「波谷」到達時，通過的物質膨脹，形成一段短暫的稀疏區域，這個區域中的物質密度會變得比平常小。

那麼聽得見的聲波和聽不見的聲波有什麼不同？答案是聲波傳到我們耳內空氣的波形必須是**一連串**緊密和稀疏的週期波，我們才聽得見。如果空氣壓力僅升高和降低一次，也就是單一的縱波波峰，通常不會被認定是聲音＊。但聲波還必須具備另一個條件才能讓我們聽見，就是必須以適當的頻率重複。通過我們耳內空氣的壓力波必須讓鼓膜以每秒 20 次到 20,000 次的頻率振動，我們才聽得見。振動較慢或頻率較低，我們聽到的聲音較低；反之，我們聽到的聲音較高。而在這個範圍之外，講什麼都沒用，因為耳朵根本聽不見。

我們只聽得見環境中聲波的一小部分，大多數行進的緊密和稀疏波形不會留下任何印象。人類聽覺範圍以外的聲音包括低頻率的次聲波以及高頻率的超音波。大象長距離呼叫時發出的音波

聽不見的聲波

屬於前者，蝙蝠和海豚用於回音定位的音波屬於後者。這些聲波仍然會使鼓膜振動，但我們聽不見聲音。聲波本身不具使我們聽得見的性質。

我們揮手跟人說再見時或許不會發出聲音，但仍然會產生聲波。我們揮手時，手會使正反兩面的空氣壓縮和膨脹。局部空氣壓力差異向外擴散，形成聲波。我們通常不把這種波稱為音波，因為

＊ 如果空氣壓力突然改變，我們或許會聽見類似電火花的劈啪聲。如果壓力變化非常大，我們通常會感到鼓膜受到壓力。

我們聽不見別人揮手的聲音。對於史提薇．史密斯詩中在海上溺水但終究無法引起岸上注意的人而言，這可真是個大缺點：

> 沒有人聽見他死前的喊叫，
>
> 但他仍然在哀鳴：
>
> 我離岸太遠，超乎你們預料，
>
> 我不是在揮手，而是溺水。[2]

有人可能會想，沒有人聽得見揮手的聲音是因為手改變空氣壓力的程度不夠大，沒辦法使鼓膜振動。但我們耳朵裡的鼓膜其實非常敏感。如果流入耳道的壓力變化以適當的頻率起伏，即使氣壓上下差距不到 0.01%，我們還是聽得見聲音。事實上，*波形成的波* 我們揮手時不會發出聲音，不是因為空氣密度改變的程度不夠大，而是因為氣壓變化的速度不夠快。沒有人聽見揮手的聲音，只是因為我們揮手的速度不夠快。

我們比較一下手部來回揮動的大動作和蜜蜂翅膀等其他類似動作。蜜蜂飛來干擾野餐時，我們很容易就能聽見牠的嗡嗡聲，因為蜜蜂拍擊翅膀的速率高達每秒 180 次。我們稱這個頻率是 180 赫茲，以首先證明無線電波存在的十九世紀德國物理學家海因利希．赫茲命名。

蜜蜂回到蜂巢，要告訴同伴我的蛋塔的明確位置時，採取的方法是一面在蜜蜂好友周圍爬行，一面扭動腹部。這個動作幅度比翅膀拍擊更小，而且通常更快，頻率往往高達 500 赫茲[3]。但這麼微

位於中央 C 以下的 F#。

小的壓力變化產生的聲波非常容易聽見，因為它的頻率位於 20～20,000 赫茲的人類聽覺範圍內。翅膀拍擊和身體扭動造成頻率非常穩定的空氣壓力變化，所以我們聽得見聲音。進入我們耳中的一連串壓力波峰愈規則，我們聽來愈像純音。擁有絕對音感的養蜂人可能知道，比較高的嗡嗡聲等於 B 這個音，聽起來像是蜜蜂扭動腹部，告訴其他蜜蜂到哪裡找野餐，聽起來相當合理。這個 B 位於鋼琴上的中央 C 的上方。而比較低沉的嗡嗡聲則是工蜂飛向野餐時拍擊翅膀的聲音，比較接近中央 C 以下的 F#。

　　正好我們的鼓膜相當敏感。大型管弦樂團以最大音量演奏時的音波傳遞的總能量還不到一個 100 瓦燈泡消耗的電能[4]。必須強調的是，從管弦樂團傳到我們耳中的不是空氣本身。空氣大致上仍然在原處不動，是能量透過空氣局部振動傳到我們耳中。音樂不是莫札特吹來的風。

人類的聽覺系統也十分精密，因為每件樂器發出的音波先融合在一起，才穿過音樂廳，進到我們耳中。這些音波必須如此，因為它們通過的是同一片空氣。同一時間和同一位置的空氣只能壓縮或膨脹一定程度，所以聲波必須先結合成單一振動型態，變成 絃樂部的
咳嗽聲 單一而複雜的連續緊密和稀疏，溫和地讓鼓膜跟著它們一同振動。我們的大腦能處理這麼複雜的振動，解譯這片直徑才 7 公分、厚 0.07 公分的小小薄膜的微幅振動，而且連第二小提琴手在第二樂章中途咳嗽都聽得出來，不是很神奇嗎？

我們無法用肉眼看出聲音是一種波，不代表聲音不是波。事實上，音波具有波的典型特性，所以能清楚呈現波改變方向的三種方式，分別是反射、折射和繞射。

這幾個名詞聽起來好像老學究物理教師想出來的詞，事實上它**們真的就是**老學究物理教師想出來的詞，但不要因此就興趣缺缺。這些隨處可見的波的性質是我們感知世界的重要途徑。了解它們之後，我們就能踏上由觀浪獲得啟發的道路。

在我自己家裡，反射、折射和繞射都受到無比尊崇，現在已經稱為「波的基本原則」。

我們先從反射開始。波的第一基本原則是：

波碰到物體會反彈。

對，我知道。這不是什麼世紀大發現。但波反彈跟球不一樣。波的反彈比我們讓球在壁球場裡反彈複雜得多。

我們還必須注意，聲音碰到牆壁反彈並產生回音，是探討聲音和水面的波浪有何共同點時，許多人首先想到的特性。舉例來說，西元前一世紀末左右，羅馬建築師維特魯威在作品中提到設計劇院時必須考慮聲音反射時，曾說「聲音是空氣的流動」，也就是

它以接觸方式讓我們聽見。聲音行進時是無限多個圓形，
如同把一塊石頭投進平靜水面時產生的無數圓形波浪[5]。

我們知道漣波碰到浴缸壁之後會循原路徑反彈，自然也會想到，聲音碰到劇院牆壁後反彈回去，是否因為聲音也是一種波。當然，維特魯威把聲音描述成「一股」行進的空氣並不正確，如同聲音不是莫札特吹來的風一樣。一個人在房間另一頭生氣地對我們大喊大叫時，我們或許會感受到一股怒氣，但感覺不到風。音波**經由**空氣行進，但不會推開空氣。儘管如此，維特魯威把音波比喻成水波依然很具啟發性。因為我們通常看不見音波，所以要觀察聲音的波動性時必須透過它的活動，而不是外觀。

十七世紀德國耶穌會士及博學家阿塔納修斯・基歇爾對回音很

基歇爾出版於1673年的插圖，説明回音延後的時間取決於反射牆面的距離。

有興趣。基歇爾能說十多種語言，包括中國話和科普特語。他著作極多，領域遍及地質學、光學、天文學和聲學。此外他還發明了大聲公，所以照理說他應該也是工會領袖的守護聖徒。

　　基歇爾在出版於 1673 年的書籍《聲學新發明》中介紹了一個實驗。進行實驗時，實驗者站在一排突出牆壁的隔板前方，大聲喊出一個單字。基歇爾畫了一張插圖，圖中顯示隔板與牆面呈直角，與實驗者的距離各不相同。實驗者大聲喊出 *clamore*，在義大利語中是「喊叫」的意思，基歇爾預測將會聽到一連串愈來愈短的回音：*-lamore*、*-amore*、*-ore*、*-re*。這是因為每個回音都比前一個回音延遲得久一點，傳回實驗者耳中時，扣除實驗者唸的單字後剩餘的部分愈來愈短。妙的是每個回音剛好各有自己的意思，分別是

「服裝」、「愛」、「小時」和「國王」。

　　我不大清楚這個文字遊戲有什麼特殊意義，但我可以確定，想出每一部分回音都各有意義的單字是個不錯的室內遊戲，前提是家裡大到講話時聽得到回音。

　　在這麼大的空間裡，無論喊什麼單字都會反彈回來，但牆壁必須夠遠，我們唸完單字後才會注意到聲音已經反彈回來。空間如果較小，回音跟原本的聲音幾乎完全重疊，所以聽不到回音。這種狀況下幾乎同時出現的回音稱為殘響，是空間聲學特性的一部分。我們可由反射賦予聲音的特質得出關於周遭環境的各種資料。

　　我們的女兒似乎是藉助回音學講話。她一歲半時就經常重複我們講的話。如果我一走進她的幼兒園就用很誇張的正式口吻說：「妳應該是芙蘿拉，久仰大名，很高興認識妳。」她就會很高興地跟我握手，同時回答：「認識妳……」

　　有一段時間，她簡直成了古希臘女神愛可（Echo，回音之意）的化身。以詩人奧維德的說法而言，愛可「在其他人說過話後完全無法沉默，也不知道怎麼先說話」[6]。讓愛可得到這個不幸的語言障礙的元凶是宙斯永遠感到沮喪的妻子赫拉。宙斯跟其他女神搞外遇時，愛可總是在赫拉背後掩護這些女神，可以想見赫拉為此十分生氣。由於愛可掩護的方法是找赫拉聊很久的天，讓其他女神趁機逃走，所以赫拉給她的懲罰是奪去愛可主動講話的能力，讓她只能重複別人對她講的話的最後幾個字。一夜之間，其他

赫拉的報復

女神朋友一定發現愛可變成一個很煩的人，整天只想……幫你……講完這個句子。

愛可無法開口跟心儀的美少年納西瑟斯搭訕，只能偷偷跟在他後面。愛可愈來愈難壓抑愛慕之情，極度渴望有一天當兩人獨處時，他能說些什麼讓愛可重複。

她的機會終於來了。納西瑟斯一時找不到朋友，喊了一聲：「這裡有人嗎？」

愛可立刻抓住機會，頑皮地重複：「有人嗎？」

重複納西瑟斯講的話果然立刻奏效，他很好奇這個神祕的聲音是誰。

他又喊：「出來跟我見面。」

愛可只回答：「見面。」心中竊喜事情竟然如此順利。

但後來她犯了一個求偶時常見的錯誤：太猴急。

愛可從森林裡的藏身處衝出來，撲向納西瑟斯，雙臂環抱他的脖子。依據奧維德的描述，這麼做並不討好：

他立刻掙脫開來，邊跑邊喊：「放開妳的手！我寧願死也不希望我的就是你的。」愛可只回答：「我的就是你的。」[7]

可憐的愛可，可惜的錯誤。這種錯誤通常是血氣方剛的青少年剛開始參加派對時才會犯的。她因為這件事而極度難過，最後抑鬱而死，除了聲音之外什麼都沒留下。坦白講我並不意外。我連把它

寫下來都覺得有點心痛。

⌇

我是不是答應過要解釋波的反射遠比球的反彈複雜得多？嗯，答案是波反射時會分裂。因為波是能量從一個地方行進到另一個地方，所以波有時會分裂開來，一部分能量朝這個方向行進，另一部分朝那個方向行進。分裂成較小的波對它們而言非常容易，而且碰到東西反彈時都會這樣，喔不好意思，應該是**反射**才對。

其實波不只會反彈

在某種介質內行進的波穿過這種介質和其他介質（由不同物質構成的介質）間的界線時，能量不會全部反射回去，而會有一部分越過，也就是穿透這個界線，進入其他介質後繼續行進。足球碰到門柱反彈回來時則不會有這種現象。當然，足球彈開時，有些能量會在門柱上散失，但不可能有些能量彈回球場、有些能量穿透門柱。如果會這樣的話，我才不想當裁判。我們經常能看到音波出現這種部分反射與部分吸收的狀況。呃其實是聽到才對。

假設你在泡澡時，另一半一直講白天在辦公室發生的事來煩你，你或許會想把頭泡進水裡幾分鐘。如果真的這麼做了，你會發現，絮絮叨叨的聲音雖然有不少會反射掉，但不會全部消失。消去嘶嘶聲之後的低頻率嗡嗡聲還是會穿透洗澡水，帶動鼓膜振動。所以儘管有洗澡水保護，我們還是聽得見低沉的聲音一直在碎唸行銷主管把大家都搞得神經緊張。

部分反射是音波常見的特性，在軍事上有相當重要的用途。潛

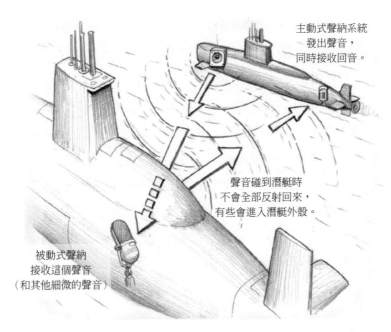

主動式聲納系統
發出聲音，
同時接收回音。

聲音碰到潛艇時
不會全部反射回來，
有些會進入潛艇外殼。

被動式聲納
接收這個聲音
（和其他細微的聲音）

潛艇用的麥克風其實不是這個樣子。

艇可使用主動式聲納（SONAR）系統，發出一個音波，同時接收反射回來的音波，藉以得知其他潛艇的方向和距離。從回音來源的方向以及音波傳到那裡再傳回的延遲時間，可以得知是否有敵方潛艇埋伏在附近。唯一的問題是能量碰到敵方潛艇後不會全部反射回來。一部分能量碰到水和鋼鐵之間的界線時不會反射回來，而會穿透金屬結構。敵人只要有適當的接收裝置，一定能聽見這個聲音，因此得知附近有其他潛艇。所以軍用潛艇通常有一半時間會關閉聲納系統。

這個過程還有其他比較和平的用途。舉例來說，波具有部分反

射和透射的特性，所以超音波掃描很適合用來觀察身體內部。

　　體內各種軟組織間的界線不像骨骼和皮肉間的界線那麼顯而易見，但仍然能反射一部分超音波，形成超音波影像。超音波掃描器**體內的反射**就像超高音小型聲納，產生高過我們聽得見的頻率數百倍的聲音脈衝，同時接收回音。身體組織密度變化的每個界線都會反射一部分音波，形成回音。

　　兩個界線間的時間長度代表兩者之間的距離，音波強度則代表界線明顯程度，可以說明這個界線位於肌肉和骨骼之間或肌肉和軟性器官之間。這一部分音波還會繼續穿透其他界線，讓超音波檢查師「看見」身體內部不同的深度。某個界線的反射用來繪製某個深度的影像，穿透的音波則可能在更深的界線反射回來，形成另一個影像。

　　發出聲音及接收回音的探頭前端是橡膠，密度和身體表面的脂肪層相仿。也就是說，探頭貼在皮膚上，而且兩者間有液態凝膠時，進入體內前就因反射散失的音波能量最少。音波從探頭經過凝膠到脂肪層時，行進路徑的密度變化最少。

　　波的第一基本原則說「波碰到物體會反彈」，但有人可能會說它沒有說明波反射和球反彈之間的細微差異。這麼說或許沒錯。觀浪者懂得思考波浪如何「反彈」有助於理解一個基本事實：波浪是經由物質行進的能量，而不是物質內部或物質本身在行進。

　　折射，也就是波的第二基本原則，是這樣的：

波從一種物質進入另一種物質時，
通常會改變方向。

對，我知道，這句話聽起來比波碰到物體會反彈還沒意義。

但波在這種狀況下改變方向是它的基本特性。事實上，只要是真實存在的波，都會玩折射這套把戲。

要以這種方式改變方向，必須滿足兩個條件：第一，波必須以某個角度接觸界線，而不是正對界線行進。第二，波進入另一種物質後的自然行進速度必須與在前一種物質中不同。如果波以某個角度進入另一種物質，且行進速度在第二種物質中較慢，波的方向會略微改變。如果在第二種物質中行進速度較快，則方向會朝另一邊改變。

聲音隨時都會出現這種方向改變現象，但我們多半不會注意到，聲音的速度隨行經物質改變的幅度相當大。這點可能令人感到驚訝，因為我們提到「音速」時，似乎總認為音速固定不變。1947年，美國測試飛行員查克・葉格駕駛 X-1 噴射機，首先達到每小時 1,190 公里的「音速」。但其實音速不是不變的。

舉例來說，聲音在空氣中行進時，速度會隨溫度而大幅改變。氣溫為攝氏 0 度時，時速為 1,190 公里。但在攝氏 23 度的室溫時，新聞主播的聲音從電視傳到我們耳中的時速接近 1,239 公里。這是因為以一定體積的空氣而言，氣壓從一個區域傳遞到另一區域的速度取決於空氣分子運動的速度。氣體愈溫暖，分子運動速度愈快。

聲音在液體中行進時也比在氣體中來得快。這似乎有點違反直

覺，因為我們可能會認為水的阻力比空氣大。但物體遭遇阻力的原因是它必須一邊排開其他物質一邊行進，音波則不是如此。聲音在物質中行進時，行進方式是讓物質本身振動。物質分子碰撞鄰近的分子，接著再碰撞更遠的分子。液體分子排列得比氣體分子更緊密，所以音波振動在液體中行進得更快。

舉例來說，在溫度為攝氏 25 度的海水中，音波行進時速為 5,520 公里，比在空氣中快了 4 倍以上，溫度更高時行進速度更

速度加快的
聲音

快。因此，科學家精確測量測試音從水中的發聲器到位於另一方的收音器所需的時間，就可得知海洋溫度的變化。此外，聲音在液體中的行進速度也取決於液體密度以及抵抗壓縮的能力。

固體分子之間大多有相當強固的鍵結，所以比液體更不容易壓縮。這些強固的鍵結把壓力變化從一處傳送到另一處的速度比液體分子的鍵結快得多。結構愈強固，音波行進速度愈快。黃金為每小時 11,667 公里，鑽石更高達每小時 43,200 公里。

那麼這些聽來十分驚人的速度跟音波「從一種物質進入另一種物質時會改變方向」有什麼關係？嗯，音波改變方向是因為速度改變。如果波以某個角度接觸不同物質間的界線，則先接觸界線的一端會比波的其餘部分更早進入另一種物質並改變速度。速度可能是加快，也可能是減慢。無論加快或減慢，都會把波拉到另一個方向。

為了隨便講個比喻，我們假設有一架幽浮墜毀在沙漠中，一群外星人跌跌撞撞地走出殘骸，想找一家麥當勞。牠們當然因為撞擊

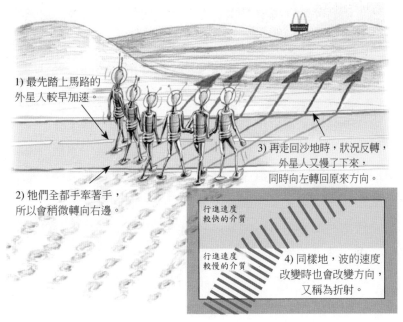

沙漠中的外星人告訴我們波折射的原理。

以下為圖中標示文字：

1) 最先踏上馬路的外星人較早加速。

2) 牠們全都手牽著手，所以會稍微轉向右邊。

3) 再走回沙地時，狀況反轉，外星人又慢了下來，同時向左轉回原來方向。

行進速度較快的介質

行進速度較慢的介質

4) 同樣地，波的速度改變時也會改變方向，又稱為折射。

而有點暈眩，此外牠們看東西也不大清楚，因為牠們已經習慣自己星球上光的波長。所以牠們牽著手（或吸盤，或是隨便什麼東西），排成一橫排向前走，希望不要太引人注目。

　　牠們的外星腳踩在堅硬的地面比鬆軟的沙地上好走得多，所以等到牠們終於走到馬路上時，第一個踩上去的外星人不知不覺就稍微加快了點。因為牠們是以傾斜的角度到達柏油路，所以最先踏上柏油的外星人也比其他外星人更早開始加快速度。這些外星人彼此牽著吸盤，所以整排外星人都稍微偏轉，等牠們都踏上柏油之後，就全部朝另一個方向前進。當然牠們自己不會注意到這點，因為牠

們正在忙著爭吵誰在駕駛飛碟時不專心。等牠們再次離開馬路時，狀況反轉過來了：最先踏上沙地並減慢速度的一端，又把這排外星人拉回相反方向。等牠們都回到沙地上時，行進方向又變回原本的方向。

折射的原理就是這樣。就音波而言，波前，也就是向前行進的高壓區域，表現相當類似爭吵的外星人。波前到達另一種物質的界線，而且它在另一種物質中行進速度較慢時，就會和這些外星人一樣改變方向。假設它以某個角度接觸界線，而非正對界線，則波的一端會比其他部分更早減慢速度，因此使整個波前稍微偏轉，朝另一個方向行進。所以當波峰通過界線時，也會偏轉到另一個方向。當音波進入行進速度較快的物質時，則會朝另一邊偏轉。當然，音波不是外星人這樣在空氣中或地面行進的物體，而是介質振盪造成的壓力起伏的圖樣，當然也不會像外星人一樣穿著銀色連身衣。

〜

不知道讀者們有沒有注意過，聲音在霧中好像傳得比較遠？我們身在霧裡時似乎聽得見平常距離太遠而聽不見的笑聲或教堂鐘聲。我一直很喜歡這種效果，因為我覺得當我走在霧中時，這樣會有一種脫離塵世的感覺。不過這種效果其實跟霧本身沒有關係。懸浮在空氣中的微小水滴太小，不可能對聲音造成明顯的影響。地面附近的空氣溫度是形成霧的主要因素，也是使教堂鐘聲傳得更遠的原因。

聲音在溫暖空氣中行進得比在寒冷空氣中快，所以氣溫隨高度

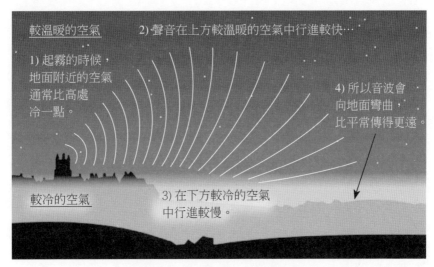

較溫暖的空氣　　　　　2) 聲音在上方較溫暖的空氣中行進較快⋯

1) 起霧的時候，
地面附近的空氣
通常比高處
冷一點。

4) 所以音波會
向地面彎曲，
比平常傳得更遠。

較冷的空氣　　　　3) 在下方較冷的空氣
中行進較慢。

起霧時教堂鐘聲傳得更遠的原因。

產生的變化也會影響聲音的折射效果。一般說來，高度愈高，溫度
通常愈低，因此聲音會向上偏折，愈來愈遠離地面。教堂鐘聲通常
會向上偏折，所以最後會距離地面太遠而聽不到。如果這個狀況反
過來，也就是地面附近的空氣比上空冷的時候，就容易形成霧。這
種現象稱為溫度逆轉，可使音波朝地面偏折，而非折向空中。

　　這種正常溫度逆轉現象發生的原因可能是比如在晴朗的冬季夜
晚，白天地面吸收的熱快速散失在大氣中，使低層空氣冷卻下來，
也可能是因為空氣漂浮在溫度特別低的湖泊或洋流上空。無論霧的
形成原因是什麼，空氣溫度不同，因此聲音在地面附近較冷的空氣
中行進時比在上方溫暖的空氣中來得慢。這種局部溫度逆轉使音波
向下偏折。聲音貼近地面行進，鐘聲因此傳得更遠。

讀者可能會認為波的第二基本原則不完全適用於在空氣中行進的音波，因為音波沒有通過「從一種物質到另一種物質」間的界線。但要讓波改變方向其實只有一個必要條件，就是速度改變。如果音波所處的介質逐漸改變，而且足以影響波速度，例如氣溫隨高度而改變，這個條件就很容易滿足。這時不需要明顯的界線，也不需要有另一種物質，只要波的速度改變就好。

在歷史上，水手很早就利用聲音折射來防止船隻在遭遇濃霧時過度接近陸地，導致危險。雷達和 GPS 發明之前，濃霧可能為在沿岸水域航行的船員帶來災難。但聲音沿海面傳播時能傳得更遠，

對懸崖喊叫的
水手

因此水手可以執行簡單的回音定位，藉以避免船難：水手在霧中大聲喊叫，同時傾聽懸崖反射的回音。水手分辨回音從何處傳來以及傳回來所花的時間，就能大致判斷海岸的位置。延遲時間愈短，代表陸地愈近。水面附近的冷空氣可使聲音向下彎折，因此水手能聽見比平常距離更遠的回音。

我對外星人和沙漠沒什麼興趣，但我很高興知道有人嘗試運用折射原理接收世界另一端的動靜，以用來解釋 1947 年神祕的羅斯威爾事件。這次事件使美國新墨西哥沙漠中的寧靜小鎮一夜間成了世界幽浮首都。

如果了解折射原理，就能破解史上流傳最久的陰謀論：為什麼墜毀的幽浮殘骸在小鎮附近被發現，但緊張的美國軍方極力

幽浮解密警報

隱瞞這件事？折射音波與幽浮墜毀發生關聯的理由可以追溯

到一位科學家身上。

第二次世界大戰期間，美國麻州伍茲霍爾海洋研究所的地球物理學家莫瑞斯・尤恩博士在研究聲音在深海中行進的方式時發現了一件事。尤恩是以音波測繪海床地質的專家，而聲音在水中的特性是潛艇交戰時的重要因素，所以美國海軍委託他進行水下的聲學研究。1943 年，他證明在海面下 1,000 公尺左右有個深海聲音通道（deep sound channel），確實深度依緯度而定。這個通道能封住水中的聲音，讓聲音傳得比其他深度遠上許多。這個通道就是源自折射原理。

一般而言在中緯度的海洋中，音波在海水表面附近的行進速度大約是每小時 5,471 公里（緯度與音波速度有關是因為水溫在赤道和兩極間變化非常大）。下潛時水溫降低，音速也在 1,200 公尺深處減慢到時速 5,359 公里左右。超過這個深度後，水溫不再隨深度降低，但水壓持續升高。壓力升高的影響是聲音行進再度加快。深度到達 5,000 公尺時，音速再回到時速 5,536 公里左右。位於 1,000 公尺左右的深海聲音通道是聲音行進速度最慢的地方（在熱帶溫暖水域較深、在兩極地區則較淺）。由於折射效應影響，大部分音波能量也被封在這個深度，無法向上或向下擴散，只能水平前進。

假設有一隻座頭鯨在深海聲音通道發出鳴聲。音波通常會以牠為中心呈球形向外擴散。但在聲音通道中，朝水面擴散的部分先加速前進，再向下折回，而朝海底擴散的部分也會先加速前進再向上折回。較高水溫的「天花板」和壓力提高的「地板」上下夾攻，因此音波擴散時不是呈球形，而是呈無限延長的圓柱

壯麗的鯨魚之歌

形。座頭鯨鳴聲擴散分布的總空間較小，位於通道中的其他鯨魚往往在數百英里外就能聽見。儘管從 1970 年代起，海洋生物學家就猜測座頭鯨和北方瓶鼻鯨等鯨類可能利用深海聲音通道互相溝通，但目前依然只是猜測。

　　無論鯨類是否早在千萬年前就知道這條深海聲音通道，尤恩都是首先發現它的人類。這條通道後來被命名為聲音定位及測距（SOFAR）通道，美國海軍更大力資助尤恩研究它的軍事用途。他提議在水下安裝一組收音器或水聽器，用於定位落入海中的飛行員。被擊落的飛行員可在水中放出中空金屬球，稱為 SOFAR 球。這個球沉入水中，在深度到達 1,000 公尺左右時因為水壓而爆破，然後在通道中發出水底音波。我們在數千英里外接收到音波之後，以三角測量判定其位置，再與其他水聽器的讀數互相比對。

　　戰後美國軍方集中心力對付蘇聯，後來任職於哥倫比亞大學的尤恩接受委託，研究偵測俄國核子試爆的技術。他早就想到，這個原理既然適用於海洋，應該也適用於大氣。氣溫隨高度而改變，所以大氣中應該也有類似的通道，這個通道或許可以用來監聽地球另一端的爆炸聲？

　　一般說來，在對流層中，空氣會隨高度而變冷。對流層是大氣最下方的一層，兩極地區的高度大約為 11.3 公里，赤道地區大約為 17.7 公里。對流層和平流層間界線的特色是臭氧和其他吸收太陽熱力的氣體濃度比下方高出許多，因此高度超過這個界線後，空氣不會繼續變冷，而且會從平流層下方開始愈來愈熱。換句話說，對流層頂端是一層冷空氣，上方和下方都是比較溫暖的空氣。由於

音速只隨空氣溫度變化，所以這個區域的特性就和海中的 SOFAR 通道相同。冷空氣區域內的音波通常會被封住，因為向上或向下擴散的音波在較溫暖的空氣中都會加速，再彎折回中間。音波行進速度較慢的高度會把波的能量封在裡面，和在海中一樣。

尤恩認為，這條大氣聲音通道可把蘇聯核子試爆產生的音波傳到全世界，也成功說服美國空軍接受他的想法。要監聽核子試爆活動，只需要在適當的高度範圍守候就好。

但大氣聲音通道的高度高達 13.7 公里，說來容易做起來難。尤恩提議用大型氣球懸掛一組收音器，收音器取得的資料可透過無線電訊號傳輸到地面或傳給配備特殊設備的飛機。這項由尤恩和其他大學學者開發的最高機密計畫稱為莫古爾計畫。

這項研究和開發工作在嚴密保全下的隔離實驗室中進行，並在遠端基地進行測試，其中之一是新墨西哥州沙漠的阿拉莫戈多空軍基地，距離 1945 年美國首次進行核子試爆的地點不遠。這項新偵察計畫的發展十分敏感，因此參與的阿拉莫戈多軍方人員必須使用代號來稱呼這項計畫。計畫由來自紐約大學的研究人員負責監督，而且他們都只知道自己負責的工作，不清楚這些工作在整個計畫中扮演的角色。此外，莫古爾計畫相關資料也不與東北方僅 160 公里的羅斯威爾陸軍航空基地人員共享。

不過有一件事絕對沒辦法保密，就是龐大的氣球。這些氣球通常連成一大串，長度接近 200 公尺，數量有時多達 30 個，還有收音器、無線電裝置和用於追蹤的六角形銀箔雷達目標。氣球必須在白天施放效果最佳，因此很難保密。更糟的是，氣球

不大祕密的
最高機密

「我們是來找音波的。」
上圖：莫古爾計畫在新墨西哥
　　　州上空測試監聽俄國設
　　　備的同型 30 公尺聚乙
　　　烯氣球。
右圖：氣球不只經常變成扁平
　　　狀，從地面看來很像飛
　　　碟，而且通常還拖著鋁
　　　箔雷達反射板。

的活動無法控制，完全受風的擺布。

　　測試氣球於 1946 年 11 月開始施放，持續進行到 1947 年莫古
爾計畫廢止。軍方不久後就發現，用地震儀偵測地球另一端的核子
試爆不僅更經濟實惠，而且更隱密。為了繼續保密這項研究工作，

軍方投下許多資源尋找及收回墜落的氣球和設備，甚至發現當地廣播電台的幽浮報告也有助於搜尋這些氣球，因為當地人很容易注意到這些銀色的六角形碟盤飄浮在空中。不過也有些殘骸沒有找到，1947 年 6 月 4 日的某次測試飛行就是這樣。

這次施放 10 天後，在西北方幾英里的羅斯威爾，農場主人布萊澤爾和 8 歲大的兒子威爾農「看見一大片發亮的殘骸，裡面有橡膠條、錫箔、相當強韌的紙張，還有貼紙」[8]。起初他們沒有多想，也沒有動它。但幾星期後，他們在媒體上看到有人在那個地區看到神祕的「飛碟」，因此布萊澤爾決定向羅斯威爾附近的警長報告這些殘骸的事。警長立刻通知羅斯威爾陸軍航空基地，一位情報人員立刻跟布萊澤爾一起去收回這些不明殘骸。他和羅斯威爾的同事一直都不知道在阿拉莫戈多空軍基地進行的最高機密氣球測試計畫。

羅斯威爾的公眾資訊辦公室發新聞稿給當地報紙，指出「許多關於飛碟的謠言昨天成為事實」，因為該基地的情報單位已經取得這些神祕設備。第二天早上，7 月 8 日，《羅斯威爾紀事報》的頭版頭條標題是「RAAF 在羅斯威爾一處農場捕獲飛碟」。

殘骸後來送往德州沃斯堡空軍基地進行檢驗。該基地的准將是否知道莫古爾計畫並不清楚，但他當然不願意承認這些令他不快的報導，並且宣稱這次事件純屬烏有，布萊澤爾找到的殘骸是氣象氣球的設備。《阿拉莫戈多每日新聞報》受邀拍攝殘骸照片，或者應該說拍攝符合基地說法的殘骸照片。

報導欠缺著力之處，媒體很快就失去興趣。但目擊者說法不一，加上軍方內部謠傳有高層人士出手掩蓋，炒熱了當時的連續幽

1947 年 7 月 8 日《羅斯威爾紀事報》：所有報紙編輯夢寐以求的報導。

浮目擊事件，因此陰謀論者宣稱美國政府最高層隱匿來自外太空的飛碟殘骸。

　　美國空軍於 1995 年進行完整的詳細調查，十分明確地斷定，這些殘骸只是高度機密的大氣聲音通道監聽設備，用途是聽取從世界另一端傳來的蘇聯核子試爆音波[9]。有些幽浮研究者相信這份調查報告，但有些則斷定美國空軍一定會這麼說，不然呢？

　　羅斯威爾事件現在已經成為飛碟傳說中不可或缺的一部分，甚至有人宣稱外星人屍體已經找到，並且送往內華達州沙漠中最高機密的 51 區軍事基地解剖。每年 7 月 4 日那個週末，羅斯威爾市都會舉行幽浮節，幽浮專家齊聚一堂，舉行演講和小組

坐在氣球上的
威爾史密斯

100

討論等。這次事件在大眾文化中被奉為經典。好萊塢科幻片《ID4 星際終結者》的主要情節就是美國軍方以在羅斯威爾取得的殘骸重建外星太空船，並且用來抵禦來自外太空的侵略。如果電影做得更接近事實一點，我們就會看到威爾史密斯是坐在氣球上面對龐大的外星太空母艦，手上的配備是一具收音器和鋁箔雷達反射板。

除了音波在溫度不同的空氣中行進時會有折射現象之外，光也會這樣。在烈日下看著一望無際的馬路，就會看到這樣的光波彎曲效果。光在柏油上方的熱空氣和更上方的涼空氣間的界線出現彎折，因此馬路看來好像會反射背景。熱空氣上升時形成的旋轉渦流使光朝四處彎折，形成扭曲的效果。

此外，把湯匙放在一杯水裡，就會像折斷一樣，也是折射的結果。光波從水中進入空氣時速度加快，方向突然改變，使影像變形，所以湯匙看來好像已經折斷。水面上和水面下的兩段各自指向不同的方向。

折射也能解釋我對海浪始終感到不解的一點：海浪為什麼永遠跟海灘平行，向前行進則永遠垂直於水的邊緣？我們可能會想，如果海浪來自海上的風暴，總會有些海浪不是正對海岸撲來，而是平行於岸邊。

海浪不會平行於岸邊也是因為折射的關係。海水愈淺，波浪行進速度愈慢，所以波浪與逐漸變淺的沙質海底成某個角度前進時，愈接近海灘就變得愈慢，最後波浪轉為正對陸地行進。

想想如果海浪不是正對海灘行進會變得多奇怪。我們或許很難說到底哪裡不對，但我確定我們一定會感覺到有點不對勁。無論是

海浪如果朝側面行進會怎樣？

不是經常觀浪，大多數人都不大注意折射現象。我們都把這種效果視為理所當然。波浪通過不同介質時改變速度，因此改變方向，跟我們有什麼關係？如果從來沒注意過海浪總是正對海灘行進，折射是否可以解釋這種現象似乎也沒什麼要緊。但觀浪最重要的就是這一點：隨時留意隱藏在日常生活中的事物。

觀浪者當然可以什麼都不想，單純看著海浪。無論如何，我想這都是最好的冥想方式。不過就廣義而言，當個觀浪者還應該發現各種波之間的關聯、類似點和相似點。有些波很好觀察，例如在海灘上看到的海浪。有些則看不見，例如聲音。這個世界的波動性或許十分細微，許多人一點也感受不到，但它非常重要，只要開始留意，就會發現它處處可見。

～

接下來是繞射，也就是波的第三（和最後一個）基本原則：

波通過小障礙物時，
障礙物宛如不曾存在；
波通過小孔時，
則會朝四方擴散。

障礙物對波的影響幾乎完全取決於它的大小與波長的比例。障礙物比波長小很多時，物體對波的影響可以忽略。

在空氣中，音波的長度變化可小至人類聽覺範圍中頻率最高的數公分到頻率最低的數公尺。所以各種聲音繞射通過日常障礙物的結果各不相同。樹木、柵欄和路邊的汽車比高頻音僅數公分的波長大很多，但又比低頻音的數公尺波長小很多。我們等著穿越擁擠的馬路時，可以聽見輪胎摩擦柏油尖銳的唧唧聲和貨車引擎低沉的轟轟聲等各種頻率的聲音。但我們和馬路之間如果隔著建築物轉角和牆壁等障礙物時，通常只聽得見低沉的引擎聲，頻率較高的聲音會被隔絕。

音響喇叭的最佳位置也基於相同的原理。低音喇叭可以放在桌子底下等任何地方，因為波長較長的音波很容易繞過較大的物體和轉角，傳到我們耳中。但另一方面，高音喇叭則必須正對我們，而且不能有障礙物阻擋，我們才能聽清楚這些波長較短的聲音。

協助我們判斷聲音來自何方的依據也是音波的繞射。這時音波繞過的是另一個不小的物體：我們的頭。

我們用來判斷聲音來源位置的方法有兩種，選擇哪種方法則依聲音的波長是否能輕易繞過我們的頭部而定。高頻音的波長比頭部小很多，沒辦法輕易繞過頭部，傳到另一邊的耳中。為了判斷尖銳聲音來自何方，我們的大腦會比較到達兩耳的聲音**強度**，依據強度差異判斷方向。另一方面，低頻音的波長較長，頭部比波長小得多，所以波能繞過頭部而不形成聲學陰影，輕易傳到兩邊耳中。大腦接收到這類比較低沉的聲音時，會比較聲音傳到兩耳的微小**時間**差異。音波傳到距離較遠的一邊耳朵時，行進路徑稍微長一點，所以會稍微晚一點。我說的「稍微」不是英國人的保守說法：差不到

0.6 微秒。

人類的大腦能精確偵測聲音的到達時間和強度差異，所以我們非常善於判斷水平面上的聲音來源方向*。事實上，因為聲音大多來自我們前方，所以我們能分辨差異少於 2 度的不同聲音。我們雖然不像許多動物一樣聽得見音量極小和頻率極高的聲音，但我們的**方向性**聽覺不遜於貓、狗和蝙蝠等哺乳類動物，甚至更加優異[10, 11]。我們原本以為人類的聲音定位能力只遜於某幾種貓頭鷹，但十年之前，生活在美國南部和墨西哥北部的奧米亞黃寄生蠅（*Ormia ochracea*）打破了這個想法。2001 年，美國康乃爾大學研究人員發現，這種小小的黃色寄生蠅分辨聲音來源角度的能力和人類不相上下[12]。

對蟋蟀而言，奧米亞黃寄生蠅精確的方向性聽覺具有致命的後果。這是因為雌奧米亞黃寄生蠅會在夜間運用優異的聽覺尋找雄蟋蟀的求偶鳴聲，接著降落在鄰近的暗處，急促地跑過最後一段路。可憐的蟋蟀還沒弄清楚怎麼回事，黃寄生蠅就在牠身上和周圍散播幾百隻幼蟲。這些幼蟲像黑色的小蛆，長度不到 1 公分，慢慢潛入蟋蟀體內。一個星期後，幼蟲在宿主體內長大，準備面對這個世界。讀者們可能會認為蟋蟀應該很高興看到寄生蟲離開，但蟋蟀高興不了多久，因為牠很快就會死亡。

擁有優異方向性聽覺的蒼蠅

＊ 但水肺潛水者證實，我們在水中判斷聲音方向的能力很差。聲音在水中的行進速度高達空氣中的 4 倍以上，所以到達兩耳的時間差異小到難以察覺。

如果奧米亞黃寄生蠅分辨聲音來源的能力跟人類差不多，那至少牠不比我們強，是嗎？人類的兩耳距離大約是 150 公分，蒼蠅則只有 0.5 公分。因為雌奧米亞黃寄生蠅體型極小，所以牠判斷蟋蟀位置的能力比人類強得多。黃寄生蠅兩邊鼓膜距離非常近，所以音波到達兩邊鼓膜的時間差異大約只有 500 億分之一秒，相比之下，人類的千分之 0.6 秒顯得相當普通。這種蒼蠅真是厲害。

～

　　人類或許很擅長判斷聲音的水平方向，但很不擅長判斷聲音的高度，也就是聲音來源在我們上方或下方。這是因為人類的耳朵對稱地位於頭部兩側，我們水平轉向聲音來源時，兩耳對所有高度的距離都一樣，音波到達兩耳的時間沒有差距。這沒什麼關係，因為我們其實生活在二次元的空間裡。

　　然而倉鴞的生活則完全不一樣。判斷聲音來自垂直面上哪個方向的能力，對牠們而言極為重要。雖然牠們視力非常好，眼睛對光的靈敏度是人類的兩倍，但要在黑暗中尋找躲藏在雜草和樹葉裡、甚至雪中的小型囓齒動物時，視力幫助實在不大。因此倉鴞改用聽的。牠們蹲坐在樹枝上，然後試圖分辨老鼠在地面上造成的沙沙聲來自何處。這時不僅需要水平方向聽覺，也需要敏銳的垂直方向聽覺。因此，不知道讀者有沒有留意過，倉鴞兩邊的耳朵是不對稱的。左耳的耳孔大約比右耳高 1 公分。

　　對倉鴞而言幸運的是（其他具有相同解剖特徵的動物也是），不對稱的雙耳覆蓋著羽毛。但對老鼠、田鼠和鼩鼱而言糟糕的是，

會轉動耳朵的倉鴞

倉鴞可藉由高度差距聽出牠們發出聲音的確切方向。倉鴞頭部水平轉向聲音來源以消除繞射，並且讓到達兩耳的音波強度一致時，聲波到達兩耳的時間仍然會有少許差距。

倉鴞把頭部垂直轉向聲音來源之前，老鼠和兩耳之間的距離依然有少許差距。現在強度雖然已經沒有差別，但倉鴞仍然會上下轉動頭部，讓音波到達時間相同，以便找出獵物的明確位置。牠的垂直方向性聽覺非常好，接受訓練後可在黑暗中攻擊「聲音目標」，水平和垂直誤差都不到 1 度[13]。

繞射是波的基本原則之一，因此不是聲音的專利。事實上，各種波都會出現這種效應。

把手放在射進窗戶的一道陽光前面，在牆上投射出小白兔的影子時，就可看到繞射效果。我們都知道手愈接近牆壁，小白兔的影子輪廓就愈清楚。如果把手指移近窗戶，距離牆壁幾英尺遠，小白兔就只剩下朦朧的影子。或者應該是倉鴞？不對，應該是奧米亞黃寄生蠅，對吧？

不管是什麼，這團影子都很模糊。影子經常有這種特徵，雖然很少人會注意到，但它是相當顯而易見的繞射範例。可見光的波長只有 500 奈米，也就是萬分之五公分。相比之下，我們的手算是十分龐大的障礙物。因此我們的手當然會形成影子，也就是光波無法把手當作不存在一樣繞過去。但光通過時確實會略微彎折，因為波一定會繞射。我們的手距離窗戶愈遠，光波彎折的程

手影戲

度就愈明顯*。

　　無線電波也有繞射現象，因此電波波長為數公尺的調頻（FM）廣播電台必須在各地設立中繼站。因為山丘和高山比 FM 無線電波的波長大很多，所以會影響山谷中的接收效果。但這對電波波長為 1.5 公里左右的調頻（AM）廣播電台而言不是問題。這類廣播電台只需要一具發射器就能涵蓋全國，因為長波能繞過山丘，深入後方的山谷。

鄉間的無線電波陰影

　　水面上也會出現波浪繞射現象。島嶼比海浪的波長大很多時，後方會有一片平靜水域形成的陰影（參見次頁）。

　　另一方面，碼頭支柱比海浪的波長小得多，所以後方不會有陰影。海浪會繞過支柱，好像它不存在一樣。

　　了解海浪如何遵循波的三個基本原則，是太平洋密克羅尼西亞群島領航者的必備知識。這些航海專家划著獨木舟在島嶼間航行時，經常觀察湧浪確認方向。他們當然是史上最傑出的觀浪者，尤其是夏威夷和新幾內亞之間的馬紹爾群島觀浪者。這些偏遠島嶼和環礁只比海平面高出幾英尺，所以無論從多遠的地方都很不容易看見。因此這些領航者必須依靠星辰來辨別方位，而看不見星辰的時候，他們就分析海浪。

————————

＊影子邊緣模糊的原因不只是繞射。因為太陽不是點光源，所以當太陽有一部分模糊、一部分清楚時，影子邊緣就會出現中間色調。

這是皮亞諾撒島。

這是它在海浪中投下的陰影。

碼頭支柱不會
在海浪中投下陰影。

上圖：位於義大利地中海
沿岸的皮亞諾撒島
比海浪的波長大得
多，因此形成明顯
的陰影。
左圖：碼頭支柱比海浪的
波長小得多，海浪
會繞過支柱，因此
不會形成陰影。

　　這種獨特的導航技巧代代相傳，使用稱為 *mattang* 的木枝航海
圖，但現在大多已經失傳。這種航海圖以椰子葉條綁在一起製作而
成，說明湧浪碰到島嶼後如何反射，以及在島嶼間折射和繞射的方
式。木枝圖上的小貝殼代表陸地，因為湧浪通常來自相同的方向，

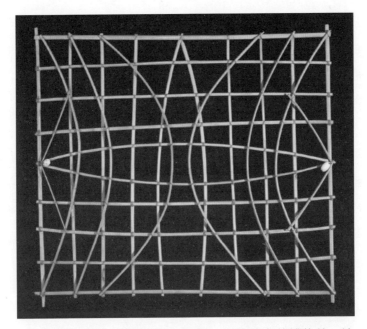

十九世紀馬歇爾島的木枝航海圖，收藏於大英博物館。這個航海圖以棕櫚葉製作，用來教導少年領航者湧浪碰到島嶼時如何反射、折射和繞射（島嶼以左右兩邊的小貝殼代表）。

所以領航者依據波浪路徑受島嶼影響的狀況，就能判斷島嶼所在方向，最遠距離可以達到 65 公里[14]。

　　說這些超級厲害的航海家是**觀浪**者其實不大正確，因為他們不是靠**觀察**海浪來判斷自己的位置，而是靠「**感覺**」。1862 年，一位傳教士寫道：「領航者躺在獨木舟上，右耳貼著船底幾分鐘，就跟船上其他人講：『陸地在我們後面、側面或前面。』等等。」[15]這位傳教士對這種把耳朵貼在船底的導航方法可能有點誤解。研究

人員發現，導航者判斷方向的依據不是聲音，而是獨木舟的搖晃：如果船尾先抬起，船頭才跟進，表示湧浪來自後方；如果左邊比右邊先抬起，表示來自左方，以此類推。事實上，導航者訓練中經常讓年輕人躺著漂浮在海上，讓他習慣海浪的感覺[16]。

　　無論音波示範波的三個基本原則的效果有多好，對觀浪者而言，音波都是很不理想的研究對象。畢竟我們看不見音波，對吧？

　　但音波在觀浪方面告訴我們一件很重要的事：我們有時候必須透過波的活動來體驗它，而不是依靠它的外表。波的波動性不一定顯而易見。聽來或許有點離奇，但我能體會這些導航練習生的感覺。我知道重點不是**觀察**波浪，而是沉浸在其中。

　　那年五月，我就是這樣研究音波的。我當然已經沉浸在音波中（我們都是），但我格外注意這一點。我走進一個房間時，會注意聽周遭聲音如何改變。我講話和走路發出的音波碰到浴室磁磚時如何反射。吃晚餐時，我會停下來聽刀柄碰到玻璃杯口時發出的純淨單音。我會思考易碎的玻璃一定正在振動，才會發出這麼悅耳清脆的聲音。相反地，鍋蓋掉在地上的鏗鏘聲不是單音。它是多種振動混合在一起，沒有固定的頻率，所以聲音也不清楚，只有廚師罵人時的背景音。

完全沉浸在音波中

　　我們雖然通常看不見音波，但看得見音波的效果。如果哪天去聽雷鬼演唱會的話，可以跟旁邊抽菸的人借個打火機，點著之後放在低音喇叭前面，就會看到火焰隨著音樂跳動。火焰會隨壓力波而

升高、降低和閃爍。這就是聲音真正的動作：它是純粹的實體振動，再由這個小小的火焰以表情豐富的街舞風格詮釋。我們當然也能感覺得到自己體內的音波。音波可以使我們的胸腔振動。這個時候，我們能用全身感受到音波的物理性質。

　　假如對雷鬼沒興趣，如果坐在大型管弦樂團前面的機率比在砰砰響的重低音喇叭前面來得高，還是可以體會到音樂的物理特性。請閉上眼睛，想像自己平躺著漂浮在一片音波上。感覺音波在下方通過，自己也隨著音波搖搖晃晃。定音鼓的鼓皮振動頻率相當低，可模擬我們的內在。這些頻率是上下抬起我們身體的湧浪。我們幾乎感受得到鼓皮振動時最低沉的節拍。弦樂部尖銳的顫音又不一樣了。這種聲音的產生方式是演奏者用手指壓住弦並前後搖動，只要稍微改變長度，就會使聲音頻率快速地連續上升和下降。這種音波或許不會撼動我們的內臟，但是不是很像有人為情緒所苦的時候，聲音也跟著發抖？我們漂浮在聲音之海時，這些波浪也以自己的方式讓你移動。

　　這不只是黑板和教科書上的物理學，而是音樂在我們內心深處觸動各種感覺的物理原理。我們聽的各種音樂只是一連串音波。我沒有貶低音樂的意思，只是想提醒讀者，這麼強而有力、層次豐富的音色和音調，以這麼平凡無奇的方式讓我們聽到，是件十分神奇的事。驚嘆於作曲家心中的所有想法、音樂家展演作品時投入的所有情緒，還有所有樂器融合在一起的聲音，無論是和諧的、不一致的，或是協調的，都透過耳中空氣的微幅振盪傳達給我們。

注釋

1. Holmes, Oliver Wendell, 'The Philosopher to His Love' (1924-5).

2. Smith, Stevie, 'Not Waving but Drowning' (1953).

3. Hrncir, Michael, et al., 'Thoracic vibrations in stingless bees (*Melipona seminigra*): resonances of the thorax influence vibrations associated with flight but not those associated with sound production', *Journal of Experimental Biology*, 211: 678-85 (2008).

4. This figure is given in Moravcsik, Michael, *Musical Sound: An Introduction to the Physics of Music* (New York: Paragon House, 1987).

5. Vitruvius, *The Ten Books on Architecture*, trans. Morris Hicky Morgan (London: Humphrey Milford, Oxford University Press, 1914), Chapter III: The Theatre: Its Site, Foundations and Acoustics, Section 6.

6. Ovid, *Metamorphoses*, trans. Anthony S. Kline (Borders Classics, 2004), Book III.

7. Ovid, *Metamorphoses*, trans. Anthony S. Kline (Borders Classics, 2004), Book III.

8. 'Harassed Rancher Who Located "Saucer" Sorry He Told About It', *Roswell Daily Record*, 9 July 1947.

9. *The Roswell Report: Fact vs. Fiction in the New Mexico Desert*, Headquarters of the United States Air Force (1995).

10. Popper, A.N., and Fay, R.R., *Sound Source Localization* (Berlin: Springer, 2005).

11. Heffner, R.S., 'Comparative study of sound localization and its anatomical correlates in mammals', *Acta Oto-Laryngologica*, vol. 117, issue S532 (1997).

12. Mason, Andrew C., Oshinsky, Michael L., and Hoy, Ron R., 'Hyperacute directional hearing in a microscale auditory system', *Nature*, 410: 686-90 (5

April 2001).

13. Payne, Roger S., 'Acoustic location of prey by barn owls (Tyto Alba)', *Journal of Experimental Biology*, 54: 535-73 (1971).

14. Detailed accounts of the swell-analysis skills of the navigators of Oceania are given in Lewis, D., *We the Navigators: The Ancient Art of Landfinding in the Pacific* (Honolulu: University of Hawaii Press, 1994).

15. Aea, H., *The History of Ebon* (1862). The Hawaiian Historical Society 56th Annual Report, 1947.

16. De Brum, R., 'Marshallese Navigation', *Micronesian Reporter*, 10: 1-10 (1962).

第三波
資訊時代賴以運行的波

有一條小河流過我家附近的田野。我在工作上碰到困難時,就會到外面看看風景。某個六月天早上,當時已經超過兩個星期沒下雨,小河只剩下細流。那天沒什麼風,水面平滑如鏡。

在水面平靜時,我常會看著雲的倒影。那一天,天上飄著一串晴天常見的淡積雲。河水表面乍看之下完全靜止,但從雲的倒影看得出來河水有細微的活動。雲的倒影在水面上漫無目的地搖擺著。但我順著河水的小灣前進,前面突然出現水花。上游的倒影開始搖晃。那是什麼東西?是魚嗎?

等我看清楚的時候,那個東西已經跑了。但小水花留下了提示:一連串發散的漣波,在平靜的水面上慢慢擴散開來。這個散播現象帶有一個訊息:這些漣波是半圓形,出發點在河對岸某個地

這時雲的倒影還在緩緩蕩漾。

方。這些漣波的出發點位於只比水平面高一點的小洞，那裡沒有魚，所以小水花一定是某種水齁鼱、水鼮或是……不知道，可能是水倉鼠什麼的。不管是什麼，牠就生活在河岸的小洞裡，透過這些漣波透露牠的存在。

我開始陷入沉思。

波不只是能量的運動，也能傳達訊息。這個說法聽來或許不大浪漫，但我覺得還是比「透過介質傳播的擾動」來得好。重點是任何波都一定帶有線索，讓我們探知產生這個波的擾動。這個不明水

中生物儘管不想透露牠的活動和所在地點，但小水花拍打河岸發出的音波和水面上向外擴散的漣波已經透露了。

　　雲的倒影現在停了下來，開始左右搖擺，很像人在舞池中因為害羞而手足無措的表現。我觀看倒影的時候，想到著名漁人克里斯‧葉慈曾經跟我講過的事。他說，我們釣魚時，其實是以上下顛倒的方式觀雲，因為我們一直在看天空的倒影。對這位經驗老到的漁人而言，魚經常會在水面造成漣波，無意中透露自己的位置。那麼這代表漁人除了觀雲之外也會觀浪嗎？我們是否能從魚類造成的表面波型態看出魚的種類？

〜

　　我打電話給克里斯請他談談觀浪時，他說：「水面十分平靜時，我一定會留意觀察表面漣波。晚上有月亮時特別適合觀察漣波。我們通常看不見魚在活動，但因為湖面非常平靜，我們會突然看見漣波出現。一般會是一個大漣波，前後有幾個小漣波。」

　　他告訴我，這些微弱的起伏訊息往往相當細微，例如一條魚在水底覓食，抓到一隻蝦子或其他生物，但完全隱身在水下。這條魚在水面附近擺尾轉身，「發出可愛的水聲，形成小小的漣波」。

　　魚有時候會探出水面，通常是在攫取水面上的物體時，嘴唇碰到水面。克里斯說明：「鱒魚會製造特殊的圓形漣波。所以如果我們沿著約 45 公尺長的溪流觀察，一定會尋找適當的光線角度，以便發現水面出現微小的波浪，可能會是鱒魚在吃蒼蠅。」

魚唇的波

但最具戲劇性的水面擴散現象，應該是魚為了清理鰓上的污泥而躍出水面時製造的漣波。克里斯說：「大鯉魚在水底覓食時，鰓很容易阻塞，例如在淤泥裡翻找血蟲的幼蟲。如果在一片大湖上，我們可能聽不見水花聲，但水面靜止時看得到漣波。」

　　1985 年在赫瑞福夏瑞德米爾湖上傳奇性的一夜，克里斯抓到一條 230 公斤重的鯉魚。這條魚創下全英國最大的淡水魚紀錄，足足保持了 15 年之久。克里斯說：「當時我坐在瑞德米爾一頭的水壩上，聽到一條魚衝進淺灘，就在湖的頂端，距離大概 180 公尺。水花聲好像過了很久，波浪傳來之後，我才看到月亮的倒影在水面上擺盪。」

　　克里斯決定，如果那條鯉魚再跳起來，他要測量漣波傳到他這裡的時間。他說：「後來牠又跳了兩次，波浪從那條魚翻滾的地方傳到我前面，打碎月亮的倒影，總共花了兩分半鐘。兩分半鐘能行進約 180 公尺。

　　「只要沿著漣波的曲線越過湖泊或河流，回到圓心處，就能找到那條魚。我看到這樣的徵兆時，一定會想辦法靠近。這個線索非常真實，水面就像雷達螢幕一樣。」

　　波浪是行進的擾動，傳達關於波浪起源的訊息。可能是幾分鐘前的鯉魚跳出水面，也可能是更久以前，例如 137 億年前的宇宙創生。事實上，大霹靂產生的電磁波到現在依然在太空中四處蕩漾，就是宇宙微波背景輻射（Cosmic Microwave Background radiation）。

大霹靂的波

　　葉慈用敏銳的漁人之眼觀察水面的漣波，尋找魚的蹤跡，宇宙

尋找史上最大擾動產生的漣波：普朗克天文台於 2009 年 5 月發射升空，
測量大霹靂後 38 萬年發出的微波。

學家近年來也用特殊的微波太空探察儀器掃描天空，尋找過往「宇
宙擾動」的證據。這種微波協助宇宙學家進一步了解宇宙的起源和
組成，有些時候還有助釐清已經延續好幾十年的宇宙基本組成爭
議。它們是最重要的證據，證明宇宙萬物全都源自一次大爆炸，而
不是永遠處於某個穩定狀態。

　　宇宙學家在漂浮天文台觀察和測量背景微波。史上第一座漂浮
天文台是 2001 年 NASA 發射到距離地球 150 萬公里軌道上的威金
森微波異向性探測器。它在軌道上觀察來自四面八方的微波，測量
其強度（或熱）的細微變化。從宇宙各處宇宙微波背景輻射的細微
差異，可以協助天文物理學家了解宇宙剛誕生時的樣貌，計算宇宙

膨脹的速率、密度和年齡，而且精確度比以往高出許多。

　　依據推測，電視機沒有轉到特定電台時接收到的靜態訊號中，大約有 1% 源自宇宙背景輻射*，其他大多是家用電器產生的電磁雜訊和地球上未濾波的通訊信號，也就是隨時在我們四周來來去去的無線電波和微波。因此威金森探測器和後繼的普朗克天文台所在的軌道不僅距離地球相當遙遠，而且位於地球陰影中，以便降低來自地球的電磁干擾和來自太陽的輻射。想在地球附近偵測宇宙微波，就像在風很大的日子到波浪起伏的水域，試圖觀察鱒魚捕食造成的微小漣波一樣。

　　魚會被自己造成的波浪暴露位置，人類也是會走動的擾動，時時刻刻產生波，讓接收到的人得知我們的行蹤。

　　所以無論是老鼠在草叢中覓食的悉窣聲，或是貓頭鷹俯衝時羽毛發出的微弱呼嘯聲，每種生物的每個動作都會產生某種聲波。當然，動物的外觀也都是光波的擾動。有些動物發展出特殊的感知能力，能看得見頻率比人類可見範圍更低的電磁波。人類能經由皮膚感受到動物體溫發散的紅外線，但我們看不見它。中美洲雨林裡的跳蝮雙眼和鼻孔之間有個凹處，能感知紅外線，協助牠精確地攻擊齧齒類獵物。

---

* 由於電視數位化和自動電路能在沒有訊號時自動轉成黑畫面，現在電視的雪花畫面已經成為歷史。

因為波浪透露行蹤而導致一隻動物變成其他動物的晚餐，這種狀況固然令人遺憾，但如果動物不製造、甚至**不能**製造波浪，又會變成怎樣？我覺得會走進演化的死胡同，覺得寂寞覺得冷。繁殖的本質是合作，所以對任何物種的生存繁衍而言，溝通方法都十分重要。音波顯然是跟異性調情的好方法，例如初春時節雄蒼頭燕雀求偶時唱出的尖銳情歌，以及雌非洲象每隔五年發情時發出的次音波低吟，這種聲音雖然對人類不起作用，卻能引來方圓數公里內的雄象。

雄孔雀羽毛散射光波後產生的炫麗色彩雖然不大適合當成保護色，但非常適合用來吸引異性。螢火蟲基於相同的理由從腹部放射光波訊號，烏賊更能運用皮膚上的 2,000 萬個色素細胞產生隨時變換的迷人色彩，對求偶對象說「來吧！」也對敵人說「走開！」但對掠食者則是說得愈少愈好（以便隱匿在背景中）。

那人類呢？人類和其他動物一樣，以製造波的能力來吸引異性。

當然，我們講話的內容相當重要，但在性互動中，講話的音調和音色更重要。男性往往在不知不覺間讓自己的聲音聽來更低沉洪亮，模仿體格強壯和有保護能力的男性發出的聲音。女性則採取另一種方式，讓自己的聲音有點顫抖，聽起來就很需要保護。有時女性會讓自己的聲音變得有點嘶啞來表現性感。（這種音色改變方式或許會讓我們聯想到抽菸喝酒、大而化之，百無禁忌的那種女性。）

性感的波

我們也會為了性而運用光波。口紅和唇膏的紅色不就是為了模仿性興奮時皮膚泛紅的現象？法拉利的代表性紅色從何而來？這種

勾引異性的方式或許有點粗糙，但法拉利 Testarossa 顯然對許多女性而言是一種催情劑。（我認為這個名稱在義大利文中的意義「紅頭」**或許**如車廠所說，指的是魅惑妖女的頭髮，但我總覺得它指的是其他東西。）

我想大家都知道這輛車是什麼顏色吧？

當然，不是**所有事情**都與性有關。我們講的每個單字、聽到的每段旋律、看過的每部電影、讀過的每本書、每份報紙和觀察到的每個臉部表情，全都透過音波或光波進入我們眼中。它們都是媒介，我們時時都在觀看**和**聆聽，但鮮少注意。然而現代人類溝通的基礎是一大群波，可見光只是其中一小部分。我們的資訊時代完全依靠這種波才得以運行不息，這種波就是電磁波。

我真希望「電磁波」的名稱看起來友善好懂一點。有些人把電磁波稱為 EM 波，但也好不了多少。這種波有許多令人驚奇的現象，真的應該給它取個新名稱。

電磁波包含波長最長的無線電波、微波、紅外線、可見光、紫外線、X 射線，以及波長最短的 γ 射線。位於頻譜中央的紅外線、可見光和紫外線由太陽傾注而來，但其他波長最長到最短的波，**全都**來自遍布宇宙各處的恆星、星系、黑洞和高溫氣體。目前還沒有證據指出電磁波的波長有極限。目前所知最短的 γ

極長的波和
極短的波

射線波長大約是分子的 10 億分之一，我覺得有點難想像。最長的無線電波波長估計值差距很大，從地球與太陽間的距離到這個距離的 1,000 倍不等。至於確切數字，目前已知的波長介於 10^{-18} 到 10^{11} 公尺之間。（這些波長與本章中其他波長都是電磁波在真空中行進時的波長。如果在其他物質中行進，電磁波的速度會減慢，波長也會隨之縮短。）

在波長範圍大到難以想像的光譜之中，有一小段是可見光。可見光的波長可由紅光的 700 ～ 750 奈米（10 億分之一公尺，縮寫為 nm）到紫光的 400 ～ 450 奈米，大約是人類頭髮直徑的 1/100。可見光和無線電波、X 射線或其他電磁波本質上完全相同，唯一的差別是波峰與波峰間的距離，也就是波長。

電磁波有個規則是波長愈短、頻率愈高，攜帶的能量也隨之愈高*。通訊用的電磁波波長較長，能量較低。這似乎有點出乎意料，為什麼**能量較低**的波反而比高能量的波更適合傳輸資訊？波的能量愈大不是能傳播得愈遠、訊號也愈強嗎？答案是波長很短的波太危險。

的確，頻率較高的紫外線、X 射線和 γ 射線能量相當強，照射到分子時可能（而且通常會）撞出原子中的電子，從而永久改變分子，這個過程稱為離子化。長期接觸紫外線和 X 射線可能導致活細胞產生癌病變。如果接觸能量更強的 γ 射線，即使時間極短也可

---

* 這是電磁波與其他波的差別之一。其他波的能量取決於振幅（或高度），在〈第八波〉中會進一步說明。

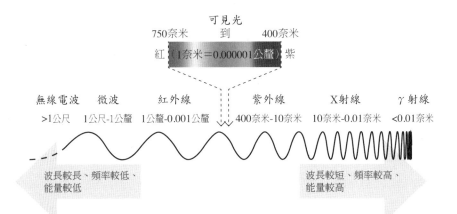

可見光

750奈米　　　　到　　　　400奈米

紅　（1奈米＝0.000001公釐）　紫

無線電波	微波	紅外線	紫外線	X射線	γ射線
>1公尺	1公尺-1公釐	1公釐-0.001公釐	400奈米-10奈米	10奈米-0.01奈米	<0.01奈米

波長較長、頻率較低、能量較低

波長較短、頻率較高、能量較高

請記住這些波長，等一下會考試。

能使細胞死亡，因此放射線療法通常以這類電磁波消滅腫瘤。

奠定電訊時代基礎的電磁波位於電磁波頻譜的另一端。

我來介紹一下電磁通訊使用的電磁波。其中波長最長的是無線電波。冷戰時期的超級強國曾經用這種電磁波傳送訊息給深海中的潛艇。這種電磁波的波長超過 4,000 公里，是唯一能深入海水數公尺以上的電磁波。海水導電能力相當好，因此除了波長極長的電磁波之外，其他電磁波都會被海水吸收。要產生這種波長的極低頻訊號，需要體積龐大的發射裝置，所以成本極高。位於美國密西根州和威斯康辛州的同步發射站以電線桿架設空中電纜，長度則由 20 ～ 50 公里不等。這類發射站必須自備發電廠。此外，蘇聯的發射站位於莫曼斯克附近。

為了產生波長這麼長的無線電波，收發兩方的設備都必須把電線桿埋進地下深處，把地球本身當成天線。冷戰結束後，耗費鉅資

維護這些發射站的必要性愈來愈低，因此潛艇開始接近海面，以便與總部通訊。潛艇在接近海面處可使用比較便利的高頻率無線電傳輸，和一般大眾一樣以波長介於一到數千公尺間的無線電波互通訊息。這類設備如同資訊時代的馱馬，用來傳遞無線電（理所當然）、電視、嬰兒監視器、停車場遙控器、心律監測器、雪崩預警裝置、航空無線電、標準時間訊號，以及商品防竊裝置等形形色色的訊號。

接下來是波長介於 1 公尺到 1 公分的電磁波，通常稱為微波。這種電磁波的功能不只是加熱食物。行動電話和筆記型電腦通常使用強度比加熱食物低上許多的微波連上 WiFi 網路。此外，行動電話的藍牙、經常讓我們開進死巷的 GPS，以及透過衛星傳輸的長距離電話，也都使用微波溝通。事實上，地球和人造衛星間的通訊也是透過微波，波長通常位於光譜上最短的一端，介於 1 公分到 10 公分間。

如果你跟我一樣覺得微波頂多只能用來加熱或解凍食物，可能會很驚訝微波在通訊領域扮演的角色竟然如此重要。微波爐使用的波長是 12.2 公分，藉由使水分子（以及少部分脂肪化合物）來回轉動，提高食物的溫度。水分子的兩端分別帶正電荷和負電荷，想和微波穿透食物時帶來的電場方向一致，因此會像瘋狂的指南針一樣來回擺動，以每秒鐘 24 億 5,000 萬次的頻率改變方向。玻璃盤子和陶瓷碗不含水分子，所以接觸微波時溫度不會提高。

但其他波長的微波頻率不是太高就是太低，大部分能量都不會被水吸收，無論是微波食品容器裡的水或懸浮在大氣中的水都一

樣。此外，其他波長的無線電波會和電離層中的帶電粒子產生作用，微波不會，所以能直接穿透大氣。因此微波不僅是衛星通訊理所當然的選擇，也是與遠在地球軌道以外的太空船通訊的常用方案。目前我們和宇宙中距離最遠的人造物體航海家一號通訊時也是使用微波。

航海家發射於 1977 年 9 月 5 日，現在距離地球超過 160 億公里，已經正式離開太陽系，繼續以每天 160 萬公里的速度遠離。微波通訊和其他電磁波一樣，在地球和深太空間以光速行進。目前訊號從航海家一號傳送到地球需要將近 15 個小時，所以長距離通話的延遲也必須考慮在內。

但現在的語音通話、網際網路連線，還有有線電視訊號都以紅外線透過光纖傳輸，所以有回音的對話大致上已經成為過去。紅外線的頻率高於微波，波長介於 1 公分到 750 奈米之間，許多固態物質都能輕易阻隔，所以電視遙控器也採用紅外線這種電磁波。如果電視遙控器發射的電磁波能穿透牆壁，鄰居可能會天天吵架，甚至每小時就吵一次。

請記住，這麼多種電磁波只有波長和頻率不一樣。令人驚奇的是它們是同一種波，只是

航海家一號

164.4億公里

太陽　地球

「聽得到我的聲音嗎？收訊好像不大好。」人類史上距離最遠的通訊使用微波。

大小不同。雖然我們不會留意，但它們就在我們周圍。無論我們身在何處，隨時都在穿透我們：連續不斷的訊息、訊號和資訊互相重疊、交會、結合後再繼續前進。我們只看得見所有電磁波的一小部分，但所有電磁波都存在。喜歡打邦哥鼓的物理學家理查‧費曼曾經說過：

> 這些波同時穿過這個房間，大家都知道，但我們必須仔細思考，才能從中獲得樂趣……大自然複雜又不可思議的特質。[1]

讀者可能會感到好奇，嬰兒監視器是怎麼從這麼多電磁波中找出自己需要接收的電波訊號？如果這麼多互相重疊的電波本質上完全相同，只有大小不同，就像所有人和東西同時以無法想像的音量大喊大叫一樣，裝置怎麼有辦法從其中找出最重要的訊號：也就是嬰兒正在哭呢？

所有電磁通訊裝置運作時都依靠共振這種現象。無論電磁波或其他波，都以這種方式和周遭的一切互動。共振源自波和振動間緊密的關係，是最令人愉悅的波動現象。

辛苦奮鬥的音樂家馬夫剛剛買了一把新吉他。

他其實不怎麼擅長彈吉他，大概就是因為這樣才辛苦，但他依然能在鎮上的鬧區表演維生。彈了幾個月〈日昇之屋〉之後，他終

於賺到了升級樂器的錢。他滿懷信心地帶著新樂器回到住處，開始第一次調音。

馬夫撥了吉他的 D 弦，D 弦以每秒 147 次左右來回振動。這個振動使吉他前方上過漆的光亮共鳴板表面也以相同的方式振動，吉他大部分聲音就是這樣產生的。D 音的波從振動的共鳴板向外散發，擴散到昏暗的房間各處，這個冷颼颼的空間立刻充滿溫暖明亮的音符。

波和振動關係十分密切，難以區別。振動可產生波，但兩者間的關係不是單向的；波也可產生振動，尤其是週期波，畢竟週期波就是行進的振動。馬夫的新吉他共鳴板散發的溫暖 D 音正是如此。在馬夫的背後，角落裡放著他的舊吉他。這把吉他現在傷痕累累、破舊不堪，上面貼滿了貼紙。它陪著馬夫到各地街頭表演，賺錢買下取代它的新樂器。舊吉他或許因為新吉他進門而被放在一邊，但音還是準的。

波和振動

舊吉他的 D 弦也會以每秒 147 次自然地振動*。因此當馬夫彈出這個音，讓 147 赫茲的音波充滿整個房間時，也使舊吉他的 D 弦一起微微振動。這些波的頻率和舊吉他弦自然振動的頻率相同。音波連續不斷的壓縮和膨脹和弦的自然運動一致。每次運動都加強上次的效果，使弦的運動愈來愈大，最後自己發出聲音。現在兩把吉他一起發出相同的音。

這種狀況類似馬夫在公園裡推著鞦韆上的兒子。他兒子大聲喊著：「高一點，再高一點！」馬夫站了一整天，心裡正在想一些事情，所以他沒有全力推。他可以把鞦韆拉到肩膀那麼高再放手，但

他沒有這麼做，而是輕輕地推再慢慢加大力量，跟著鞦韆的自然節奏推，慢慢加大鞦韆的擺盪幅度。馬夫下意識地計算推的時間。假如他推得比鞦韆擺盪的節奏（也就是擺盪的「自然頻率」）快或慢，就會先撞到兒子，下一次又推空。擺盪不會愈來愈大，他的兒子也會抱怨老爸不用心。

　　它跟房間裡的舊吉他一樣。其他的弦不會像 D 弦一樣，受他彈出的音影響而發出聲音。它們振動的基本頻率，也就是自然頻率，和 D 弦不同。每個音波的波峰對它們而言就像在不適當的時機推鞦韆，不會使振動愈來愈大。†

─────────

＊事實上，音波也會使 A 弦和 G 弦發出少許聲音，因為 A 弦和 G 弦跟 D 弦的諧和頻率相同。但這個效果沒有 D 弦的共振效果那麼明顯。

†事實上對這兩把吉他而言，這就是弦的主要（或基本）頻率。在此同時，它也會以其他諧和頻率振動。這類振動會產生比較高的音，其頻率是基本頻率的 2 倍、3 倍、4 倍……等等。每個頻率都是弦以不同種類或模式振動。我們撥動吉他的弦時，它不僅會像這樣以基本頻率振動：

對 D 弦而言，這是 D 音的聲音。在此同時，還會有這些振動重疊在上面：

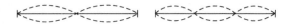

這些同時存在的振動產生第二和第三諧波，就是八度音中位於基本音上的 D 和 A。這些振動和其他許多振動模式同時出現在被撥動的弦上，所以一定會有其他諧和音和主音同時出現，使音色更加溫暖。

但舊吉他上的每條弦都有個最容易產生共振的頻率，也就是和基本振動模式相同的頻率。所以當馬夫開始在新吉他上彈奏音樂時（我猜八成又是〈日昇之屋〉），舊吉他的弦也會自然微微呼應某些音，那就像舊吉他已經演奏這段音樂太多次，已經會自己幫馬夫伴奏一樣。當然，馬夫不會注意到這個和諧的伴奏音。他聽不出舊吉他的弦隨著他彈奏的聲音共鳴，但它確實共鳴著，微弱地隨著這些聲音的頻率發出聲音。等他用手按住新吉他的弦，讓它不再發出聲音，才聽得見舊吉他的回響音。

好幾種樂器設計運用到這種以一條弦透過共振影響另一條弦的現象，有個例子是巴洛克時期的弦樂器柔音中提琴（viola d'amore）。

每種柔音中提琴設計多少有些不同，但在十八世紀柔音中提琴最風行時製作的成品大多有個共同特色：總共有 6 或 7 條弦，和小提琴或中提琴一樣用弓拉和指撥，指板下方有一組對應的共鳴弦。共鳴弦調成和上方弦相同的音，但演奏者接觸不到。共鳴弦和發出音樂的弦一同振動，產生諧和的共鳴，賦予這種樂器溫暖豐富的獨特音色。莫札特的父親李奧波德曾說這種音色「在寧靜的晚間聽來格外迷人」。[2] 柔音中提琴前方的音孔是火焰形或伊斯蘭彎刀形，可能意味這種樂器來自中東地區（其實它的名稱可能源自摩爾中提琴〔viola of the Moors〕）。柔音中提琴調音栓以上的部位不是小提琴的琴頭，而是以雕刻精細的頭像裝飾。這個頭像通常是蒙住雙眼

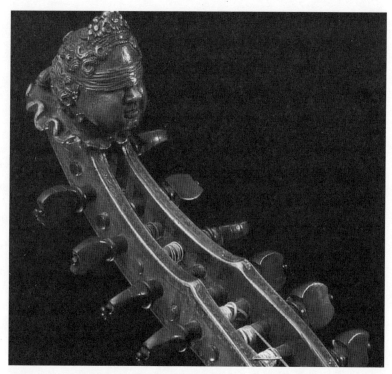

「等一下，不要告訴我，我知道這個音樂，是韋瓦第的，對吧？」
尚‧巴普提斯特‧達西艾斯‧薩洛蒙（Jean Baptiste Deshayes Salomon）製作的柔音中提琴，年代約為 1740 年。

的丘比特，象徵這種樂器的每條弦都有隱藏的伴侶和它一同振動，有時甚至完全一致。

　　19 世紀，共振不僅象徵愛情，也象徵人的同理心，也就是一個人對他人的感受能力，尤其是在情感或直覺層面。1828 年喀爾文主義散文家湯瑪斯‧卡萊爾對蘇格蘭同鄉，詩人羅伯特‧伯恩斯的描述就是個例子：「他心中含著眼淚和烈火，如同閃電潛藏在夏

日的朵朵白雲中。他胸中有種共鳴，能體會人類的各種情感。」[3]
共振的比喻有時也用來代表兩人之間的默契，甚至接近心電感應。
舉例來說，艾蜜莉‧布朗特 1847 年出版的經典小說《咆哮山莊》
的第一章裡，洛克伍德先生憑直覺就能理解陰鬱的地主希斯克里夫

 人類的共鳴

的想法：「有些人可能覺得他有些沒教養的傲慢。但我心中
的和聲告訴我，他不是這樣的。我從直覺知道，他的沉默寡
言源自他厭惡浮誇地表達情感。」[4] 一百多年後，傑克‧凱魯亞克
的《在路上》也可說是如此。凱魯亞克在書中描寫威廉‧伯羅斯和
妻子珍‧沃爾莫之間的關係有一種獨特的共鳴：「他們之間古怪的
不諧和冷淡其實是一種幽默，他們藉由這種方式傳達自己的細微振
動。」[5]

　　1960 年代末和 1970 年代初，這個隱喻回到原點。共振再度象
徵和周遭波長相同，不再是帶著行星的水晶球，而比較像是油的色
彩不停盤旋，然後投射在夜總會牆上。海灘男孩在歌曲裡唱過接收
好的振動（pickin' up good vibrations）。湯姆‧沃爾夫曾經在〈電
子酷愛迷幻派對〉裡宣稱「有些東西愈來愈緊張，有種不好的振
動」[6]。1966 年，提摩西‧利里呼籲大眾「開啟、融入、脫離」，
後來他解釋「融入」代表跟周遭世界和諧互動。[7]

　　今年我在鎮上的大禮堂欣賞樂團表演時，發現我整場表演都在
想著共振。原因不是台上演奏十八世紀的柔音中提琴，而且恰恰相
反，有個表演者演奏的是手碟鼓。這種鼓有點像飛碟狀的鋼鼓，

2000 年發明於瑞士。我想到共振完全是因為這種音樂對我產生的影響。

我可能只是不夠認真，但這個音樂真的很好聽，讓我覺得自己的內心好像跟它一起振動。的確，我有一股微微的興奮感。至於它對其他觀眾有沒有相同的效果？這個樂團很受好評，但我確定他們在每個人心裡激發的感受都不一樣。這似乎相當符合共振的隱喻，也就是我們每個人都像音高不同的弦一樣，讓我感動的東西不一定會讓你感動，而且在其他場合對我也不一定有那麼大的效果。音樂對我們為什麼有那麼大的影響，跟音樂本身一樣是個謎。

古希臘人十分著迷於音樂的神奇力量，尤其是安撫或激發人的心靈這方面。畢達哥拉斯對數學和音樂很有興趣，因此發現和聲的數學基礎概念。他發現數學關係最簡單的幾個音構成的音程（八度、四度和五度）聽起來最和諧。舉例來說，在弦樂器上，兩條弦的重量和張力相同，且長度呈簡單數學比例時，聲音聽起來就會和諧。兩條弦相隔八度（中間有 12 個半音）時，長度的比例為 1：2（一條的長度是另一條的兩倍）；但完全五度（相隔 7 個半音）的長度為 2：3；完全四度（五個半音）為 3：4。我們聽來很美的聲音隱含簡單易懂的數學原理，這個發現極具啟發性，畢達哥拉斯和門生甚至認為和聲可用來解釋人生、宇宙和萬物。

他由和聲的數學發現為起點開始延伸，而且說真的延伸得非常遠。畢達哥拉斯主張月球、行星和恆星在夜空中的運動的數學關係與和聲相同。它們形成一種球體音樂，我們雖然聽不見這種振動或音符，但它們彼此完全和諧[8]。此外，我們人類是能產生諧和振動

的樂器，會產生一種連續不斷又聽不見的音樂。依據畢氏理論，這可以解釋一般聽得見的音樂為何對人類影響這麼大。人類這種樂器偶爾也會和聽不見的球體音樂產生共鳴。海灘男孩唱的大概就是這個意思。

_⌒_

共鳴或許可以在傳達想法時當成意涵豐富的隱喻，但它在建構電訊世界上扮演的角色實際得多。

每支手機、筆記型電腦無線網路卡、汽車音響或嬰兒監視攝影機裡都有諧振電路。這個電路以某個頻率自然振盪，這個自然頻率由電路中的電阻和其他電子元件決定。這類振盪是電流在線路中的來回運動。此外，如同坐在遊戲場鞦韆上的人一樣，這些元件代表電路最容易以某個頻率在線路上往復來回。

電磁共振

無線電波扮演推動的角色。無線電波是電磁波，通過天線時可使天線金屬裡的電子上下移動，因此在天線裡「感應」出微小的電流。無線電波通過任何金屬時，都會出現這種現象，包括壁爐旁的撥火棒、床上的彈簧，當然還有天線。不過這類電子運動（也就是電流）非常微小。但如果天線連接諧振電路，而且無線電波帶動電子往復運動的頻率和電路的共振頻率相同，狀況就不一樣了。在遊戲中推鞦韆時，只要以擺盪的自然頻率輕推，運動幅度很快就會增大。同樣地，無線電波以電路的共振頻率輕推電子時，也會使可測得的電流增大。

電磁波通過天線時的神祕過程一定能使電路中的電子來回振

盪，但只有與電路共振頻率相同的電磁波才能跟它產生共振，只有這些才是時機正確的推送。

電路以這種方式做出選擇性的回應，從雜亂無章的電磁波中篩選出要接收的訊號。頻率與共振頻率相同的無線電波稱為載波（carrier wave），電路回應這個電波之後產生的電流會比其他雜訊大上許多。這個載波上面（通常很像海上大規模湧浪頂端的小海浪）是我們要傳遞的重要訊號，例如電台音樂、電話對話或嬰兒哭聲等。由於這兩種波疊加在一起，所以接收器必須除去載波，只保留訊號（就像拉平面積較大的湧浪，留下小波浪）。

某些裝置，例如嬰兒監視攝影機等，共振頻率是固定的，有些裝置則可轉動調諧旋鈕，改變它的共振頻率。同樣地，旋轉吉他的調音旋鈕可改變弦振動的自然頻率，因此改變能與這條弦共鳴的音波。

共鳴在電訊時代非常重要，因為我們必須藉助它從混亂的電磁波中找出特定的訊號。

我在我們位於倫敦西北方的小花園一端的小屋裡工作時，經常體驗到共振現象。我的小屋是八邊形，屋頂是黑色油氈瓦，在下雨時真的很舒適。在我看來，雨聲一直沒有受到應有的喜愛。我發現雨點打在屋頂會形成一種令人愉悅的白噪音，能讓我更專注於思考。直升機經過時發出的聲音就完全不是這樣了。

倫敦這個地區的街頭犯罪比其他地區多，所以我經常聽到警方

花園小屋
的共振

直升機在舊市區追逐帶刀青少年時的螺旋槳聲。直升機飛過之後，它的聲音經常會在小屋裡形成共振。小屋是中空的又開著窗戶，就像個巨大的樂器。就像我們吹豎笛時，簧片振動，造成內部空氣壓力不斷變化，讓豎笛內部的空氣柱振動一樣，小屋裡的空氣也會因為直升機螺旋槳聲造成的壓力變化而振動。有開口的中空空間和吉他弦一樣，有一定的共振頻率（就是我們對玻璃瓶開口吹氣時聽到的頻率）。而且小屋的形狀和建材形成的自然頻率正好和直升機螺旋槳頻率相同，所以小屋會與螺旋槳共振。除非我把窗戶關上，否則在室內的螺旋槳聲可能會比室外還大。有時螺旋槳聲甚至大到讓我耳鳴，讓我體認到音波就是壓力的變化，真是讓人難受。

我或許應該寫信給當地憲兵單位，抱怨我深受青少年犯罪浪潮橫掃社區造成的共振音波影響。我應該要求他們在我耳朵聾掉之前著手處理這股犯罪浪潮。或是我應該寫一封抱怨信給小屋的瑞典製造商，指責他們忽視共振問題，因為瑞典一定也有直升機吧？

我不知道有沒有人對新石器時代的墳墓和墓室建造者這樣抱怨。歐洲現存的巨石文化遺跡大多在西元前 4000 ～ 2000 年左右，也就是石器時代接近結束時建造。除了土木工事、巨石陣（Stonehenge）等站立的大石塊和石圈等，這類遺跡有許多是上方覆蓋泥土或石塊的空室，格局通常是十字形，由一或多條通道進入。雖然這類空室中經常發現遺骨，但不能說它的主要用途是墓室，因為這些空間更常見的用途可能是神殿，也或許用於

墓室共鳴

祭拜祖先。剛剛興起的聲學考古研究古代建築的聲學特性，認為設計和建造這些空室的人對這類地下空間的共振特性下了不少功夫。

　　為了了解這類古代建物可能的用途，作家保羅・戴維和普林斯頓大學教授羅伯・強恩研究了英格蘭和愛爾蘭幾座史前石室的聲學特性[9]。他們的研究對象包括位於康瓦爾，上方覆蓋泥土的單室石造建物 Chûn Quoit、位於伯克夏的韋蘭德熔爐（石造長型墳墓）、有著十字形墓室的大型通道墓紐格萊奇墓，以及洛夫可魯山上的兩處石堆，這幾處全都位於愛爾蘭的米斯郡。他們在每一處封閉的空室中以喇叭播放聲音，調整音高，找出在這個空間中振動強度提高最多的頻率，以及音量變大最多的頻率。空室共鳴的成因是音波在通道中行進，到達通道末端時反彈回來，再和先前的音波疊加。他們比較回響最大的頻率，發現一件驚人的事。

　　儘管這些建物的大小、形狀和建造材料都相差很多，但它們的共振頻率差異相當小，大約是 95 ～ 112 赫茲。這個範圍正好在人聲頻率範圍的中間，至少可以說是男中音的範圍內。由於在這類建物內發現人類遺骨，所以考古學界一致認為，它們的功能是墓室。但研究人員推測，這些獨特的類似共振特質說不定代表這些建物除了墓葬之外，原本還用於某種儀式性吟誦？以這些空室的共振頻率吟誦或吟唱，有放大聲音音量或回響的效果，或許還能「創造神祇或祖靈等超自然力高高在上的存在感」[10]。

　　英國雷丁大學研究人員在研究蘇格蘭一處新石器時代通道墓卡姆斯特圓形墓時，分析了這個石堆的精確比例模型，並研究其共振性質。他們發現，這個建物有一條狹小的通道通往圓形空室，所以

薩莫塞特當地的新石器時代墓室石造利特爾頓長形墓。它或許具有共振室的功能，可讓吟唱的聲音更響亮？

應該會像我們朝瓶口吹氣一樣產生共振。而這種整個瓶中的空氣同時膨脹和收縮，因此產生聲音的現象被稱為亥姆霍茲共振（Helmholtz resonance）。這個比例模型讓研究人員猜想，蘇格蘭這個新石器時代建物的特性應該很像巨大的瓶子。他們發現在裡面製造聲音時，空室會像瓶子一樣產生共鳴（石器時代的敬拜者應該不大可能在空室入口吹氣）。從模型可以得知，這個建

物的亥姆霍茲共振範圍是 4 ～ 5 赫茲[11]。不過等一下，這個頻率遠低於人類的聲音範圍，也低於樂器的聲音範圍。人類根本聽不見頻率低於 20 赫茲的聲音。這顯然違反石器時代人類在卡姆斯特圓形墓中進行儀式時使聲音產生共鳴的理論吧？

但研究人員不這麼認為。即使是我們聽不見的極低頻率，或許還是可能加大聲音振動。純音由壓力脈衝組成，但人耳不認為個別脈衝是聲音。脈衝必須以夠快的速度緊密相連，才能使耳膜振動超過每秒 20 次，讓我們聽見聲音。但如果我們每秒敲鼓 4 ～ 5 次，其實是在製造以 4 ～ 5 赫茲頻率重複的可聽聲。每次敲打是一個音波脈衝（類似構成純音的脈衝），但後面跟隨著鼓皮的回響——我們當然聽得到這些回響。我們聽得到每秒敲打 4 下的快速鼓聲，但其實每秒 4 下不足以讓大腦把聲音連貫成有音調的聲音。

現在該把鼓帶到蘇格蘭試試看了。

研究人員請來一群聽眾，以每秒 4 下（4 赫茲）的頻率敲鼓。聽眾表示敲鼓時有種奇特的感受。具體說來，聽眾覺得自己的脈搏和呼吸方式受到鼓聲影響。有些聽眾表示，如果鼓聲持續太久，他們覺得自己可能會換氣過度。如果以音量相同但頻率更低的方式敲鼓，出現這種感覺的聽眾比較少，因為這樣的頻率太低，難以使空間產生共振。

這類結果顯然相當主觀。但 NASA 研究振動對人體的影響，並將之列入火箭設計時，發現成人體內各部分也會以特定頻率共振。火箭以這些頻率振動時，體內各種器官會以更大的強度振動，造成強烈的「表現變差及不適」[12]。那麼人體的共振頻率是多少呢？

是 4～5 赫茲，和研究人員在卡姆斯特圓形墓中發現的共振頻率相同。

新石器時代的敬拜者是不是因為敲鼓產生超低頻共振，所以覺得自己正在和靈魂、神祇或祖先溝通？1970 年代的研究發現，4～5 赫茲的頻率不只會讓人覺得暈眩不適（由於振動加大並使內臟翻攪），還會使人感到昏昏欲睡、有墜落和搖晃感[13]。石器時代的建築師說不定是刻意這樣設計建築物，用來展現這些共振特質？這類共鳴音聽起來或許特別超脫塵世，甚至在他們自己體內產生超低頻振動，改變他們的意識？附近的人或許曾經叫他們小聲一點？

讀者們是否有過在半夜裡醒來，突然發現自己完全不知道電磁波是什麼的恐怖經驗？我也有。但因為電磁波隨處都有，所以我覺得或許應該好好研究一下。

電磁波與音波和水面波等力學波的主要差別是電磁波不需要透過實體介質才能行進。

這句話的意思是說，我們需要調整一下對波的想法，畢竟我們很難想像有一種波不需要有介質讓它通過，不需要有物質在它通過時隨之**移動**。最顯而易見的例子就是水波，討論沒有水可以通過的海浪顯然十分荒謬。海浪是力學波，因為它是行進型態的介質內實體運動，這裡所說的介質就是水。

音波對介質的依賴程度沒有那麼明顯，但形成聲音的壓力波必須有實體物質讓它通過才能存在。例如空氣、水或我們和愛聽重金

屬音樂的鄰居之間的牆壁等。如果不相信我的說法，請把小搖鈴掛在密閉的玻璃罐裡，再用抽氣機抽空罐子裡的空氣（我想每個人應該都有抽氣機吧？），然後搖動玻璃罐，應該就會聽到（其實應該是聽不到）實際證明了。

因為搖鈴放進真空後，振動就無法傳到我們耳中。所以電影台詞才說「在太空裡，你喊再大聲都沒人聽到」，當然也聽不到太空船爆炸。科幻電影裡雷霆萬鈞的太空爆炸其實是一片靜默，因為太空裡沒有空氣可以讓壓縮和膨脹波擴散。電影製作公司或許可以考慮重新採用卓別林默片式的鋼琴配樂來襯托壯觀的星際大戰場面。

宇宙的音樂當然也不用提了。

相反地，電磁波能在真空的太空中輕易行進。我們或許聽不到太陽的聲音，但幾乎一定看得到和感受得到。如果把真空罐裡的搖鈴改成白熾燈絲，一定可以輕易看到它放射的光波（其實內部是部分真空的早期白熾燈泡就是這樣，後來這類燈泡的內部才充入惰性氣體）。

所以，如果電磁波不需要其他實體物質就能行進，那究竟是什麼在波動？物理學家會說是振盪的電場和磁場。但是老實講，我覺得很難想像這究竟是什麼意思。

物理學家和數學家可以相當精確地描述和預測電磁波的行為。他們非常了解電磁波的形成、它從一處傳播到另一處的方式，以及它跟物質和電場、磁場與重力場之間的交互作用。他們能從數學觀點清楚深入地了解電磁波，都得歸功於傑出的蘇格蘭數學家及物理學家詹姆斯‧克拉克‧馬克士威爾。馬克士威爾於 1864 年推導出

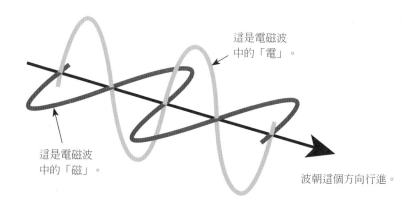

這是電磁波中的「電」。

這是電磁波中的「磁」。

波朝這個方向行進。

電磁波同時朝一個方向與另一個方向行進。

一組方程式,以振盪的電場和磁場定義電磁波。馬克士威爾方程式清楚說明電磁波的性質,因此一直沿用到現在。

拜馬克士威爾之賜,現在電磁波的數學描述相當簡單明瞭,最難的部分反而是理解這些振盪的電場和磁場究竟**是什麼**。電場是空間對電荷施力的性質,同樣地,磁場是空間對磁鐵施力的性質。這兩種場關係相當密切,就像硬幣的兩面一樣,因為電荷運動會產生磁場,而磁鐵運動則會產生電場。它們似乎就是靠這種相依性在真空中行進。

要真正了解電磁波是什麼不大容易,所以請深呼吸一下,現在要開始了……

移動的電場脈衝相應產生移動的磁場脈衝(與電場互相垂直),這個磁場脈衝又產生移動的電場脈衝(同樣與磁場互相垂直),如此不斷重複下去。一個場改變產生另一個場,反之也是如

此。所以這兩個場就像電影裡站在人力手搖車上的兩個角色一樣，合作在真空中前進。能量藉由電和磁兩個分量組成的橫波在空間中移動，電和磁互相垂直＊。

各種電磁波以這種方式在真空中行進，速度都一樣等於光速，也就是每秒 3 億公尺†。它是目前我們所知速度最快的事物，通常也被視為宇宙的速度極限，任何物體的速度都不可能超過光速。

1981 年，爭議性的生物學家魯培特·薛爾德雷克提出一種與振動的繩索、振盪的電路或產生回音的墓室大不相同的共振。他稱這種共振為形態共振（morphic resonance）[14]，並指出這種共振或許能解釋胚胎如何發展出生物複雜性等各種現象。薛爾德雷克提出，一種生物或物理型態出現在自然界之後，會有較高的機率再度出現。他指出，細胞、晶體、生物和社會等自組織系統運用某種自我延續的集體「記憶」，影響及告知未來的系統應該如何組織。

為了支持他的假說，薛爾德雷克從 1954 年開始進行為期 12 年的研究，探討 50 代實驗用大鼠的學習能力[15]。他比較每一代大鼠學習某項任務所需的時間，探討技能是否會遺傳。這

大鼠一代
比一代聰明

＊ 在某些狀況下，電磁輻射的性質完全不像波，而像不具質量的粒子，我們稱之為「光子」。〈第八波〉將介紹這種理解電磁頻譜的方法，但在本章中，電磁波就是波，不具其他性質。

† 如果讀者想追根究柢的話，正確數字是每秒 299,792,458 公尺。

項研究發現，曾經學過某項任務的大鼠，其後代學會這項任務的速度更快。因此我們或許會推斷大鼠透過遺傳繼承了祖先學習這項任務的能力。

但這個結論並不正確。這項研究令人驚奇的是，它發現對照組大鼠（沒有學過這項任務的大鼠的後代）的學習速度同樣也加快了。每一代大鼠學把戲的速度似乎都比前一代快，即使是直系中最先學習的大鼠也是如此。我們似乎可以先教一隻老的大鼠學習新把戲，再教年輕大鼠就會快上許多。

薛爾德雷克指出，這個原理也可以套在人類學習技能上。比如我們玩電腦遊戲時不只是我們自己會愈常玩愈厲害，其他人學習時也會更加容易。不要讓家裡的小孩知道這個理論，否則小孩就有新理由每天花好幾個小時玩 X-Box 了，他們會說這是為了讓後代的年輕遊戲玩家變得更厲害。

你跟我波長相同嗎？

薛爾德雷克假設，從實驗室的大鼠到沙發上的青少年都或許有某種共振可以解釋：為什麼後繼世代學習事物的速度更快？他不打算解釋形態共振如何發揮作用，只假定它可用來解釋這個現象及其他與複雜系統有關的現象。如果自然的實體振動可透過在一種物質與類似物質間行進的波，在類似物質內引發相應的共振振動。

那物理和生物系統或許也能以類似方式影響彼此的結構。最後，薛爾德雷克指出：「原子、分子、晶體、胞器、細胞、組織、器官和生物，都由不停振盪的元件構成，所有元件都有特定的振動型態和內在節律。」[16] 這聽起來就像提摩西・利里會講的話，也確實很像迷幻世代學者的說法。在我們開始思考某種宇宙振動是否能傳達這種形態共振時，誰知道薛爾德雷克是不是真的懂什麼？但他提出這個假說之後，科學界的保守派大為光火。

　　著名的《自然》科學期刊編輯約翰・馬多克斯曾經指責薛爾德雷克的形態共振假說。他曾經寫道，薛爾德雷克的書籍《新生命科學：形成因果關係假說》是「多年以來焚書的最佳選擇」[17]。此外，他 1994 年還在 BBC 電視台的訪問中表示，薛爾德雷克「談的是魔法而不是科學」。

　　馬多克斯同時表示，薛爾德雷克的書應該「以教廷當初用在伽利略身上的言詞來加以譴責，而且理由相同：這根本就是異端邪說。」（但有趣的是，他忽略了伽利略其實是對的，而教廷是錯的。）

　　馬多克斯等對薛爾德雷克假說抱持懷疑的人士主張，他的假說範圍和主張太大，難以提出反證，也就是實際上不可否證，所以它不算是科學，而是偽科學。

　　但攻擊薛爾德雷克的不只是尋找可否證性的科學家。2008 年 4 月，薛爾德雷克在美國新墨西哥州聖塔菲演講時，被一位聽眾攻擊，腿部受到輕微刀傷。這個日本人隨即被逮捕及起訴。這個日本人後來表示，他覺得他是薛爾德雷克以「遠程精神心

天竺鼠的報復

電感應」進行意念控制實驗的「天竺鼠」[18]。

⟿

聲音藝術家布魯斯・歐德蘭德和山姆・奧因格在作品《和聲橋》中運用了音響共振原理。這個作品於 1998 年安裝在從麻州當代藝術博物館（MASSMoCA）上方通過的 2 號高速公路上。兩條鋁製「調音管」安裝在高架道路的欄杆上，位於車流右方。兩支管子裡的某個位置安裝麥克風，用來接收音波，放大後傳給下方人行道上的喇叭播放。

這兩支管子的功能是龐大的樂器，近似水管工製造的迪吉里度管，隨高架道路上的車輛依紅綠燈加速和減速時的油門聲、煞車聲和引擎聲產生反應。這兩支管子的兩端都有開口，長 16 英尺，因此共振的基頻接近 33 赫茲，相當於非常低的 C 音，比鋼琴的中央 C 低 3 個八度。

管子和吉他弦一樣，其他頻率也會在管子內部發生共振。這些頻率是高於 C 音的諧波。這兩位藝術家試著把麥克風放在管子的各個位置，來特別強化各種諧波。歐德蘭德和奧因格不斷調整，直到滿意喇叭播放的聲音為止。他們把一支管子的麥克風放在總長的 1/6 處，拾取較多的第 6 和第 12 諧波，這兩個都是 G 音，一個高於中央 C，另一個低於中央 C。在另一支管子中，他們把麥克風放在總長的 2/7 處，強調第 7 諧波 B♭。這個音和 C 只差半音，應該是諧波中最不和諧的音。他們很喜歡它為喇叭播放的聲音添加的憂鬱感。

麻州北亞當斯 MASSMoCA 附近的和聲橋。作者為 O+A（歐德蘭德與奧因格）。上圖：高架道路旁的「調音管」。下圖：橋下的喇叭播放管子共振的聲音。

這兩個簡單樂器濾除車流令人不快的污濁噪音，只擷取在空氣柱裡共振的純頻率。下方喇叭播放的聲音融合了多種頻率，產生和諧的綜合音（主要是 C、G 和 Bb），不同諧波的強度隨車輛引擎聲改變而起伏。巴士和卡車引擎聲等比較低沉的馬路噪音，可使較多低音在管子裡共振，汽車、機車和行人等比較高的聲音則會產生較多高音諧波。依照兩位藝術家的說法，這個聲音「以有人味的方式改變橋下的情緒風景，把被遺忘的市區空間變得適合生活。」[19]

共振現象源自波和振動間的密切關係。我們可以歸納出三個簡單事實：

波和振動關係十分密切。振動可產生波，波則是行進型態的振動。

任何振動都有最常見的獨特自然頻率。

波的頻率與某一物質的自然振動頻率相同時，通常會使振動加大，振動也會愈來愈明顯。

敲敲高品質的紅酒杯，聽一下它發出的純音，這就是它自然振動時的聲音。在房間另一頭發出這個音（任何八度音程都可）。接著回到原處仔細聽，可以聽到紅酒杯還在跟我們剛剛發出的聲音唱和。

共振或許只是波和振動產生的結果，但一向讓人覺得十分神祕。它每次出現時，往往都讓人覺得像是微小的波動奇蹟。發出一連串不同的音，結果玻璃杯只對其中幾個與自然頻率共鳴的頻率有反應。

　　共振不只發生在實體振動和力學波之間。振盪的電流和無線電波等電磁波之間也會出現共振。從嬰兒監視器到太空船通訊網路，各種電訊接收器中的諧振電路，都是我們從電磁波中擷取這些混沌不明的訊號的方法。

　　每個波都帶來一些消息，這些消息是與創造者有關的訊息。它是波的一部分，因為每個波都有創造者。波源自**某種因素**造成的擾動、振動和振盪，這些因素可能是暫時的，也可能是持續的。

　　偶爾，如果周圍沒有其他波干擾，我們會很容易注意到波，得知它帶來的消息。 在寧靜晴朗的夜晚，湖面另一頭有一條魚跳起來，月亮的倒影在水面亂舞，告訴漁人該把釣魚線拋向哪裡。但在現代的電子通訊環境中，大多數狀況下會有許多波跟我們想要的波混在一起。因此廣播這個單字源自播種的動作，要把種子散播得愈廣愈好，愈平均愈好。電磁波傳播也是如此，這樣才能讓廣大的地區都能接收得到。每一天的每一刻，我們周圍都有各種各樣的電磁訊息，像波浪一樣在四周來來去去。包括收音機廣播、緊急通訊、國際標準時間訊號、行動電話對話、無線網路、衛星連線、航空管制、手機簡訊、超速相機動態偵測器、電視頻道、氣象雷達……等等。想想這些波如何重疊交錯，互相干擾和交互作用，在這裡結合，到那裡又分開，真的讓人難以想像。

大鳴大放

我們藉助共振，從這團混亂的波中擷取需要的一小段資訊。共振是我們從波中取得訊息和訊號的方法，共振讓我們得以從生活的無盡喧囂中輕易獲取秩序、清晰，有時還包括美。

注釋

1. Feynman, Richard, 'Fun to Imagine', BBC Television (1983).

2. Mozart, Leopold, 'A Treatise on the Fundamental Principles of Violin Playing' (1756).

3. Carlyle, Thomas, 'Essay on Burns' (1828).

4. Bronte, Emily, *Wuthering Heights*, Chapter 1 (1847).

5. Kerouac, Jack, *On the Road* (1957).

6. Wolfe, T., *The Electric Kool-Aid Acid Test* (1968).

7. Leary, T., *Flashbacks* (1983).

8. This, at least, is how Aristotle described Pythagoras's view in *On the Heavens*.

9. Devereux, P., and Jahn, R.G., 'Preliminary investigations and cognitive considerations of the acoustical resonances of selected archaeological sites', *Antiquity*, 70: 665-6 (1996).

10. Devereux, Paul, *Stone Age Soundtracks: The Acoustic Archaeology of Ancient Sites* (London: Vega, 2001).

11. Watson, Aaron, and Keating, David, 'Architecture and sound: an acoustic analysis of megalithic monuments in prehistoric Britain', *Antiquity*, vol. 73, no. 280 (1999).

12. *NASA-STD-3000: Man-Systems Integration Standards*, Revision B, July

1995. vol. 1, 5.5.2.3.1.

13. Broner, N., 'The Effects of Low Frequency Noise on People - A Review', *Journal of Sound and Vibration*, vol. 58, no. 4 (1978).

14. Sheldrake, Rupert, *A New Science of Life: The Hypothesis of Formative Causation* (London: Blond & Briggs, 1981).

15. Agar, W.E., Drummond, F.H., Tiegs, O.W., and Gunson, M.M., 'Fourth (final) report on a test of McDougall's Lamarckian experiment on the training of rats', *Journal of Experimental Biology*, 31: 307-21 (1954).

16. Sheldrake, Rupert, *A New Science of Life: The Hypothesis of Formative Causation* (London: Icon Books, 2009), p. 119.

17. Maddox, J., 'A Book for Burning?', *Nature*, 293 (1981).

18. *Santa Fe New Mexican*, 20 September 2008.

19. http://www.o-a.info/mmca/explain4.html

第四波

隨水流出現的波

冰流是德國慕尼黑一條由伊薩爾河分流的人工水道。這條水道流經市中心的地下隧道，進入英國公園後由隧道口流出，形成滔滔洪流。

翠綠的河水從街道下方的彎道衝出後，立刻就碰到水道混凝土底部的凸脊。這道凸脊使水向上衝，形成高達 1 公尺左右的駐波。水流沿平滑的弧形爬升後下降，最後衝進一片湍急的水中。在漫長的夏日午後，經常可以看到一群遊客站在上方攝政王大街的路面，靠著石造欄杆向下看。

他們看的不是波浪，而是站在浪頭上的衝浪客。他們操控衝浪板，順著停留的波浪，從冰流的一側滑到另一側。從 1970 年代開始，當地人就經常在冰流衝浪，就在慕尼黑的市中心，而且就在大

馬路旁邊。這條水道的寬度只有 10 公尺左右，空間有限，每次只能容納一個衝浪客，所以他們必須排隊。他們跳上停駐波浪前方的斜面，在水道的兩側間來回穿梭。他們腳下的水相當湍急，但他們和波浪一樣，沒有順流而下。這裡的水很冷，所以他們一定穿著防寒衣，不斷跳躍旋轉，讓一片片冰冷的水潑灑到兩岸。

這種衝浪方式停留在原地不動，所以觀眾可以近距離觀賞到每個動作。如果是在海上衝浪，就不可能這樣了。只有在衝浪者失去平衡，或是用衝浪板邊緣搭上水流時，他們才會隨湍急的水流滑到下游，讓下一位衝浪客接手。

停著不動的
衝浪客

駐波衝浪這種運動在慕尼黑愈來愈盛行。在慕尼黑市南邊的弗羅斯蘭德，伊薩爾河的另一條支流弗羅斯運河上也有人這樣衝浪。這裡的水流沒有那麼急，浪也沒有那麼高，所以沒有冰流那麼有挑戰性。但這裡的水道比較寬，容納觀眾的空間也比較大，所以每年七月的最後一個星期六都會在這裡舉行慕尼黑衝浪公開賽。拜水流形成的駐波之賜，這項比賽是全世界唯一和海岸相隔超過 200 英里的衝浪賽。

那麼，駐波究竟是什麼？

駐波是不會移動的波。一般行進波從起源出發，以振動方式通過介質向外擴散，介質本身不一定會移動。相反地，駐波的波峰和波谷則是固定不動。這個特性似乎很不像波浪。那麼駐波為什麼停留在原地不動？答案可能是兩者之一，兩個答案相當不同，取決於

慕尼黑風的衝浪文化。

波浪所處的介質本身是否會流動，就像慕尼黑水道的水流一樣。

　　樂器中的駐波是**不需要**依靠水流的駐波，樂器以它來發出純音。我們朝長笛的吹嘴吹氣時，行進音波會在長笛內的空氣柱中來回行進＊，到達長笛的兩端時，音波會反彈回去。這表示完全相同的音波在同一個空氣柱中來回行進，末端反彈回來的音波和來自吹嘴端的音波互相交會。長笛中任何一點的空氣狀態是緊密（壓力提

＊ 以長笛而言，我們吹出的氣流不是流入長笛，而是掠過吹嘴的開
　口。這股氣流使吹嘴周圍空氣柱內的壓力快速升高及降低，產生顫
　動效果，也是一種共振。這樣的壓力變化形成音波，沿樂器內的空
　氣柱行進。

高）或稀疏（壓力降低），都是由吹嘴端出發和由末端反彈回來的音波疊加（又稱為干涉）的結果。兩個最緊密的區域（也就是兩個音波的波峰）重疊時，空氣加倍緊密。一個波的緊密區域和另一個波的稀疏區域重疊，也就是波峰和波谷交會時，兩者互相抵消，空氣處於正常壓力。那麼在同一個空氣柱中來回行進的相同音波互相干涉時，會有什麼結果？結果是形成靜止不動的節點。在這些位置，兩個波永遠互相抵消，空氣壓力變化最小。此外在節點之間還有反節點，兩個波的緊密或稀疏區域在這些位置互相疊加，因此空氣壓力變化最大。

朝反方向移動的相同行進波互相結合，可形成駐波振動圖樣，由空氣柱的長度決定。這個圖樣不會在長笛內移動，而會停留在固定位置。樂器藉由這種方式以單一頻率共振，以這個機制持續發出一致的音，讓一般行進音波由開口處的壓力變化向外擴散。抬起按住音鍵的手指，可在不同位置形成壓力變化最大的反節點，改變長笛發出的音。

用這種方式來描述長笛優美、溫暖又洪亮的聲音（前提是吹得好聽）似乎很枯燥乏味。讀者現在是不是一聽到《卡門》第三幕開頭那段非常美的長笛獨奏，馬上就會想到節點和反節點？我是不是讓大家覺得很掃興？我可以解釋弦樂器的橫波在弦上來回行進，從固定端反彈回來，與其他的波互相干涉時，同樣也會形成駐波，但我也不想破壞大家欣賞巴哈大提琴組曲時的興致。這類駐波沒有特殊名稱可以跟其他駐波區別，但或許可以稱為干涉駐波。

海灣、河口和港口等一端與海洋相通的水面上，可以看到另一個更明顯的例子。波浪從海洋進入這類水面時，可能在岸邊這頭碰到陸地後反彈，朝反方向行進，和後到的波浪互相干涉。這類狀況大多只會在港內水面形成雜亂的波峰和波谷，但當波浪的週期（以及速度）恰到好處時，反彈和後到的波峰和波谷會在港內同一地點會合，產生固定的駐波圖樣。這類靜止不動的水面起伏圖樣稱為灣浪，構成要素包括節點（入射和反射波永遠互相抵消，使水面大致不動的位置）和反節點（入射波和反射波互相疊加，使水面起伏更大的位置）。

在特定波浪週期和港灣大小下，灣浪可能會變得相當大。水面起伏可能使停泊的船隻撞擊岸壁，甚至拋到岸上。地震撼動湖泊和其他封閉水域時，也可能造成激烈的灣浪。在兩岸間反彈的

港灣和湯碗

波浪重疊時，水面會劇烈起伏。（我們端著湯走路時如果沒走穩，使碗裡的湯劇烈搖晃時，可能也會出現相同的現象。碗邊出現上下起伏的反節點，碗中央則出現靜止不動的節點。）

但慕尼黑衝浪客衝的不是干涉駐波，而是另一種駐波，也就是在水流內形成的駐波。這種駐波也沒有便於區別的名稱，所以我稱它為流動駐波。仔細觀察溪流裡流過岩石上方的溪水，很容易看到小小的這類駐波。

障礙物後方（下游處）可能出現兩種狀況。第一種是一小塊水面突然竄高，第二種狀況出現在水流比較緩慢的時候，是固定不動的平緩起伏。水流通過障礙物或岩石時向上偏轉，在平衡面以上形成波峰，接著又被重力拉回，沉入平衡面以下，形成波谷。最後，

水流在更下游處回到與水平面同高。

　　毫無疑問地，在沒有人看到的微光時刻，《柳林中的風聲》的
鼴鼠莫爾和老鼠拉提，就是划著樹皮條，在河上通過流動駐波。

　　流動駐波也會出現在大氣氣流中，這點有時我們可從莢狀雲
（lenticularis）看出。莢狀雲出現的原因通常是風碰到山丘或高山
等龐大的障礙物，因而向上偏轉，它的名稱則源自拉丁文的扁豆
（lentilcula）。

　　這其實沒有那麼荒謬。這種雲雖然是白色的，可是看起來很像
一顆顆扁豆漂浮在空中，而且直徑通常大到數公里。

　　使氣流向上偏轉的地質障礙相當於溪流中的岩石，或是冰流混
凝土底部的凸脊。大氣處於氣象學家所謂的「穩定」狀態時，氣流
會爬升後再下降到山峰下風處，就像流水的水面一樣。只要風保持
穩定，看不見的空氣駐波就會一直停留在山峰的下風處。空氣具有
適當的溫度和濕度時，扁豆形的雲就會出現在一或多個波峰的位
置。

　　波前方爬升的空氣膨脹後冷卻到一定程度時，水分開始凝結，
微滴隨之出現。這些微滴就是我們看到的雲，懸浮在穩定的微風
中，讓我們看得見空氣駐波。這些微滴在駐波前方形成，隨風移
動，最後在空氣下降到障礙物背面、溫度回升後蒸發消失。這種雲
似乎靜止不動。但其實這些微滴都在爬升和下降的氣流中快速移
動。

英狀雲指出
駐波波峰的位置

飽含水分的氣流
爬升越過山峰

「穩定」的空氣
在山峰後方
沿波浪狀路線行進

我們看不見在山峰後方形成流動駐波的空氣河，只看得見出現在波
峰處的英狀雲。

　　這些英狀雲是山岳地區特別適合滑翔的理由之一。滑翔機飛行
員乘著駐波滑到山峰的下風處，就像空中的慕尼黑衝浪客一樣，操
縱著滑翔機，從上升氣流的一側滑到另一側。英狀雲的功能
是標示出波峰，讓他們知道這條看不見的河從哪裡開始爬 *空中的衝浪客*
升，可以提供寶貴的升力，以及從哪裡開始下降，下降氣流可能會
把滑翔機一路帶到地面。

　　所以流動駐波必須有流才能形成，一般行進波則可輕易地在靜

止介質中行進。但其實事情沒那麼簡單，波也是，海浪就是這樣。每個大洋各處都有洋流，那麼洋流對海洋的一般行進波又有什麼影響？在某些地方，洋流可能使海浪變成巨獸。

阿古哈斯洋流沿非洲東岸流向西南。這道洋流繞過非洲大陸最南端的阿古哈斯角之後，碰到由南大西洋風暴出發、朝另一個方向行進的海浪。這些波浪碰到洋流之後，速度慢了下來。讀者們或許會以為這會使海浪變得比較溫和，其實正好相反。1488 年，葡萄牙航海家巴托洛繆・迪亞茲沿這條海岸線航行時，把阿古哈斯角命名為風暴角是有理由的。

想了解海浪碰到朝相反方向行進的洋流時為什麼會衝高，問問前一章迫降在地球上的那群外星人或許會有幫助。

在這個階段，牠們沿著眼前的馬路走，進入小鎮，來到購物中心。地球人害怕的尖叫聲讓牠們感到慌張。牠們很快地穿過購物中心，走向電扶梯，想到二樓躲避一下。但牠們不會使用，所以沿著向下的電扶梯往上跑。第一個外星人開始往上跑時，因為電扶梯朝相反方向移動，所以速度變慢。下一個慌張的外星人跟前面的距離先拉近一點，然後才跳上電扶梯。後來每個外星人也都如此，所以牠們全都擠在一起，在反方向的電扶梯上努力奔跑。牠們在二樓女性內衣區附近離開電扶梯時，每個外星人又都比下一個外星人早一點離開電扶梯，這群累壞的外星人才再度散開。

海浪碰到迎面而來的洋流時也是如此。海浪在反方向洋流中的行進速度較慢，所以遇到逆向洋流之後，波峰會排列得比較緊密，也就是波長變短。由於水沒有其他地方可去，所以這種壓擠效應會

外星人又來了

海上的龐大湧浪碰到洋流，可能形成巨浪。

使海浪變得更高。

　　海浪壓擠是風暴角外海湧浪特別高的原因之一，不過另外還有兩個因素。其中之一是咆哮 40 度（Roaring Forties）的影響，有一道永不停息的強風朝南環繞地球，在南冰洋的緯度時沒有受到陸地阻隔。這種風的方向與阿古哈斯洋流相反，因此會向前推擠波峰，使水面的能量愈來愈大。另一個因素是洋流集中波浪能量的效果。

　　這個時候在二樓，走進購物中心的外星人又開始手牽手一起行動，緊張地跑過一間間店鋪。排在中間的外星人體能較差，開始落

「喔**那個**傷痕嗎？我很確定我們拿到車的時候就有了。」1974
年，挪威油輪威爾史塔號在阿古哈斯洋流中的暴風雨中遭到瘋
狗浪襲擊。船頭像沙丁魚罐頭一樣被掀開。

後。牠的速度慢下來時，兩端快速奔跑的外星人被拉向中間。

　　阿古哈斯洋流兩側的海浪也是如此。它們就像隊伍兩端體能較
好的外星人，持續以較快的速度前進，沒有受到迎面而來的洋流阻
礙。它們也被拉向中間，不過不是因為中間的海浪體能較差，而是
因為碰到逆向洋流而變慢。這也是一種折射，原因是波浪進入洋流
後改變速度。這種折射的效果是使波向內集中。因此在洋流中，波
浪的能量會集中在較小的區域，使波峰升得更高。

　　由於這個緣故，在風暴角外海形成的波浪從波谷到波峰往往高
達 30 公尺，相當於 10 層樓高。此外，由於波長擠壓，波浪的斜面
往往變得非常陡。然而這類巨浪其實不是常態。它們常被稱為瘋狗

浪，高度往往超過常見波浪的兩倍。

　　瘋狗浪的成因可能是兩個以上受洋流影響而已經竄高的風暴浪，在同一時刻通過同一片水域，短暫結合成更高的波浪。瘋狗浪的超高波峰前方有時會有相應的超深波谷。這種狀況對航行格外危險，因為我們往往看不見它，要等到船碰到前一個波浪的波峰，開始搖晃時才知道[1]。難怪非洲南端周圍的海床有許多沉船殘骸。

　　後來我看到美國詩人羅伯特・佛洛斯特寫於 1920 年代的這幾句詩：

　　　海浪碧綠又潮濕，
　　　但在它們平息的地方
　　　出現了更大的浪濤，
　　　而且黃褐又乾燥。

　　　那是變成陸地的海洋
　　　湧到漁人的村莊，
　　　想用堅實的沙子掩埋
　　　它無法淹死的人們。[2]

　　這首詩讓我想到沙浪。沙浪真的是一種波，還是只是看起來像波？

潮水漲落在潮濕的沙灘上形成一道道起伏紋路。它們和水面的漣波除了看起來一樣之外，是否還有什麼關係？

　　就拿我們在淺灘涉水時踩在腳底的小沙紋為例。我一直很喜歡水底下這些小小的沙漣波按摩腳底的感覺。它們是波浪拍打海灘或潮水漫過平坦的沙子時，流動的水在沙子上前進後退的動作所形成。這些沙漣波間的距離可能只有幾公分，但如果水流速度更快、更一致，例如潮水通過陸塊之間受到擠壓，形成流速很快的水道的時候，沙子起伏的高度可能超過一公尺。波峰間的距離介於 1 ～ 15 公尺時，這類巨型起伏通常有個可愛又有海味的名字，稱為巨漣波。

　　更大的起伏稱為「沙浪」。舉例來說，在掠過荷蘭外海海床的強勁海流中，沙浪在海床上的分布面積超過 14,000 平方公里，波

長有時超過 800 公尺，波峰高達 18 公尺。顯而易見地，這類波浪在海流中以每年 10 ～ 150 公尺的速度移動[3]。

這類所謂的底床形態（bed form）有許多**看起來**確實很像沙子的波浪。這些形態在水流中形成，甚至被稱為沙漣波和沙浪，但這代表它們**真的是**波浪嗎？

～

那麼水底的沙漣波的乾燥親戚，比如沙子受風吹拂聚集成的一道道起伏紋路又是什麼？

和潮濕的沙漣波一樣，這些紋路大小不一。受風吹拂的乾燥沙灘表面數不清的一道道漣波屬於較小的一種。7 月中一個風很大的日子，我在海灘上仔細觀察這種波。當時是炎熱的午後，但在海灘上散步比做日光浴來得好，因為風吹來一大片沙子，在距離地表數英寸的地方吹著，如果躺下來，臉頰會很不舒服，沙子也會塞滿耳朵。我忍著不舒服，觀察這片數公分厚、帶著沙粒、幾乎看不見的風如何使漣波在海灘表面慢慢移動。它們動起來甚至有點像慢動作的水面漣波。所以它們是風吹波嗎？它們和駐波莢狀雲同樣在氣流中形成，但風停止吹拂之後，沙漣波只會靜止不動。另一方面，在形成莢狀雲的氣流消失時，莢狀雲則會完全消失。所以佛洛斯特說的對嗎？它們是某種乾燥又緩緩移動的波嗎？

當然，佛洛斯特說的是**沙丘**，不過不是那種表面已經被草固著下來、不會移動的沙丘。他說的這種沙丘上的沙是鬆軟乾燥的沙子，可在風中自由移動。

撒哈拉沙海的表面是不是有某種緩慢乾燥的波浪？

　　這種沙丘可能出現在過度乾燥、可固著沙子的植物無法生長的地區，例如利比亞和埃及等地無邊無際的「沙海」。在這些廣闊的沙漠裡，沙子通常可以自由移動，形成一望無際的沙丘。一公尺一公尺、年復一年地隨主要風向緩緩移動。

　　沙海上的波紋有些是平滑優雅的弧形，像是平靜的湧浪；有些則是尖峰狀，穿插在較小的漣波中，像是永不止息、起起伏伏的風暴。

　　移動的沙丘似乎和海浪一樣不受時間影響，「讓我們了解哪些事物永遠不變」[4]。但在世界上許多地方，沙丘也代表剩下的時間

愈來愈少，而且這樣的地方愈來愈多。近年來過度放牧、砍伐森林和過度使用水資源造成的沙漠化問題，使農地、道路、鐵路和村莊都被不斷前進的沙丘吞沒。

遭受沙丘擴侵（dune encroachment）威脅最大的國家是中國。中國北方和西北方廣大的沙漠正在朝東擴散。依據亞洲開發銀行2001 年對甘肅省所做的評估，沙丘已經吞沒 1,300 平方公里的農地，並有 4,000 個村莊處於遭到吞沒的危險中[5]。在古代，絲路經過這個地區，敦煌是絲路上的重要中繼站，現在南邊卻緊鄰高達 500 公尺的沙丘。這些沙丘像是不斷前進的山脈，周圍的綠洲則不斷縮小。1960 年代，這裡著名的月牙泉深 10 公尺，現在則不到 1 公尺。1990 年代末，這些沙丘每年吞噬全中國 10,360 平方公里的可耕地和放牧地[6]。

沙丘來了，快逃命！

在其他許多國家，沙丘不斷前進也是嚴重的問題。近 10 年內的報導指出，阿富汗的西斯坦盆地有 100 多個村莊被埋在沙丘下。在與阿富汗接壤的伊朗，沙丘則至少已經吞沒 124 個村莊。此外，沙漠化問題在巴西、印度、墨西哥、肯亞、奈及利亞和葉門等國也愈來愈嚴重[7]。

沙丘現在距離中國首都北京不到 150 公里、而且仍在持續前進，中國政府為了對抗沙丘，開始執行一項為期 7 年的植樹計畫，阻止沙丘前進。這項計畫稱為綠色長城，是一條寬達 4,500 公里的防風林，主要用意是樹根可以防止土壤流失，順利的話可切斷沙子的來源，阻止沙丘前進。

沙子的起伏或許距離海洋很遠，但看起來真的很像「變成陸地

的海洋」想「用堅實的沙子掩埋它無法淹死的人們」。

佛洛斯特的詩句還在我耳邊迴盪，時間已經一舉解決了整個沙丘之謎。想知道沙漣波、巨漣波、沙浪和沙丘究竟是不是波，唯一的辦法就是詢問專家。

但要到哪去找沙丘專家？只要問問哪裡有「風成地形學家」就行了。

～

倫敦國王學院自然地理學資深講師安德里亞斯·巴斯博士就是風成地形學家。有點尷尬的是，我打電話給他時超級興奮。因為終於有人能證實水流或氣流中不停移動的沙子起伏雖然又小又移動得很慢，但真的是波。所以當他說我的想法完全錯誤時，可以想像我有多失望。

他一開始就說：「我們研究地形學的人從來不認為沙丘是波，因為沙浪的形成過程跟水波完全不同。」

巴斯接著盡可能溫柔地把我的沙丘理論打得灰頭土臉，但我主張沙子起伏是波的說法似乎從一開始就站不住腳。

我們開始討論沒多久，他就開始出拳重擊。沙丘跟波完全不同，因為沙子受風吹拂時，表面不會像水一樣升高變形。在海面上，水會降回原處，擾動則沿表面行進。以沙丘而言，風帶來一股沙子，開始聚集在障礙物或小突起周圍，並且愈來愈多。我發現當我不再思考沙丘和波的形成過程的差別時，他有一套理論：

喔好痛。即使如此，我還是回了一記重拳：「那麼在水流中形

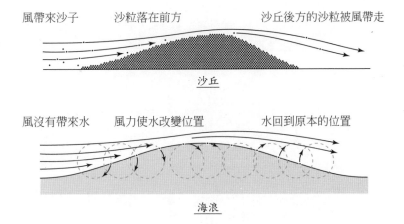

風帶來沙子　　　沙粒落在前方　　　　　　沙丘後方的沙粒被風帶走

沙丘

風沒有帶來水　　　風力使水改變位置　　　　水回到原本的位置

海浪

風必須不斷帶來沙子，沙丘才能持續增高，但海浪不需要有水流入就能存在。

成的駐波呢？它不是在水流中的障礙物周圍形成的嗎？」

　　巴斯有耐心地回答：「你說的是水**沿著**波浪的形狀流動。」沙子當然不會像水的駐波一樣，隨風沿著沙丘的形狀流動。無論任何時刻，巨大沙堆內部的沙粒都不會被風帶走。沙丘的形狀不像水平方向的山崩一樣由整個沙堆的流動決定，而是只有表面的沙子隨風移動。

　　他也同意沙丘和駐波有點難以比較，這點確實給了我一點鼓勵。

　　他繼續指出，沙丘和水波完全不同的原因還有一個。他說：「沙丘是不對稱的，波則是完全對稱，波的前半部和後半部完全相同。」

　　因此沙丘迎風面的坡度相當平緩，大約只有 11 度。背面則是

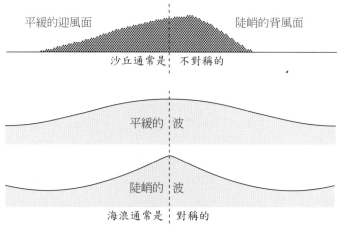

平緩的迎風面　　　　　　　陡峭的背風面

沙丘通常是｜不對稱的

平緩的｜波

陡峭的｜波

海浪通常是｜對稱的

沙和海浪通常連形狀都不一樣。

坡度超過 30 度的下滑面。隨著沙丘緩緩移動，沙子周而復始地沿著這個斜面崩落。

　　這次我很快地站穩腳步，使出厲害的防守招數：「那麼破碎在岸邊的波浪呢？這種波浪不是後面平緩、前面陡峭嗎？」

　　他仔細思考後說：「對，我想我更了解一點。碎浪整體而言是水流。這時候，波浪裡的水其實是跟著波浪一起前進。」

　　這很重要嗎？

　　但他馬上就用第三個論證讓我得意不起來：「當然，沙丘和水波不同，沙丘外型改變的原因是物質在表面頂部移動。」換句話說，沙丘上的沙子與波浪中的水，移動方式完全不同。風把沙子帶到沙丘的一側落下，再把沙粒吹上斜坡、越過丘頂，如此不斷跳躍，稱為躍動。沙子每隔一段時間就崩落沙丘，因此整個沙丘以非

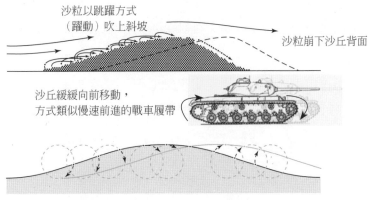

沙粒以跳躍方式
（躍動）吹上斜坡

沙粒崩下沙丘背面

沙丘緩緩向前移動，
方式類似慢速前進的戰車履帶

海浪開始行進之後，不需要風持續推送

沙和海浪行進的方式完全不同，可惡。

常緩慢的速度前進，就像戰車的履帶一樣。

　　我的防守開始崩毀。巴斯的說明破除了我把沙丘比擬成波浪的說法。仔細想想風停止後會是什麼狀況，就可以了解兩者有多麼不同。以沙丘而言，沙堆只是靜靜地堆在路徑上，必須不斷供應能量，沙丘才會向前移動。相反地，我們用手拍打水面，掀起波浪之後，擾動就會乘著我們一開始施予的能量向前行進，不需要持續推送。同樣地，風暴風施予海面的能量很大，足以讓海浪維持到風暴消散之後許久。強風停止之後，湧浪通常還可行進數百公里之遠。

　　可惡，我完全沒辦法反駁，我輸了。

　　接著我突發奇想。我看過關於塞車的報導，也聽過車輛在高速公路上的行進方式也是一種波。這種波當然不是上下起伏的波，而是疏密波，是一群群密集的汽車行駛在高速公路上，構成行進的圖

樣。沙丘移動是因為一邊有沙子落下、另一邊的沙子被吹走，而塞車也一樣是一邊有汽車開來、另一邊有汽車開走，所以兩者應該算是類似？

巴斯答道：「是的，這兩者很類似。」接著他寬大地說：「我想這應該取決於你對波的定義寬鬆到什麼程度。」

我已經不大確定我對波的定義是什麼，但我確定會非常寬鬆。

我脫離倫敦的舊生活，開始享受薩莫塞特的鄉村生活之後，就花了很多時間在英國西部的主要幹道 A303 公路上來來去去。這條公路的交通很糟糕，而且如果我膽敢在週末出門，這條交通動脈簡直就像快要中風一樣。

這條公路有時有中央分隔島，有時又沒有，凌亂得讓人生氣。車流量大的時候，兩條車道會併成一條，經常造成好幾英里的回堵。

這些還算可以解釋。但有時候交通阻塞似乎毫無理由（不是因為總是有些**混蛋**拚命走內線鑽到最前面才擠出來）。

會有一段時間，即使車子很多，我們仍然可以開得很順（而且心情很好）。接著就在我陶醉在索茲斯柏立平原上空壯觀的雲景時，又會突然慢下來，以跟走路差不多的速度慢慢前進。

這是怎麼搞的？道路施工？還是汽車拋錨？還是想睡覺的觀雲者汽車失控？我看不出什麼端倪，但確定下次轉彎就會知道原因。後來，前面的車子突然拉遠了，大家又動了起來。

這究竟代表什麼？

∿

　　日本名古屋大學的杉山雄規教授是車流數理研究會的主持人。讀者們先別急著加入這個學會，因為它的成員僅限於「車流力學研究相關物理學家、工程師、數學家和生物學家」。

　　我打電話給杉山教授提出關於交通阻塞的疑問時，他說交通阻塞不需要有交通瓶頸就會發生，「我們開車時的速度一定有快有慢，所以只要汽車的平均密度高於臨界值，任何人都可能引發交通阻塞。」換句話說，如果公路上汽車太多，車流就會變得不穩定。這表示任何駕駛人都可能無意中引發交通阻塞，而且每個人早晚都會。

　　杉山教授這麼有信心地說如果道路擁擠，即使沒有障礙物也會阻塞。他曾經讓汽車環繞（而且繞了又繞）完全沒有障礙物的圓形車道行駛，最後證明了這一點[8]。

　　杉山和其他研究車流行為的科學家一樣，多年來一直以電腦模型模擬交通阻塞。但他的模擬結果首先證明交通阻塞是自發性的。

　　22 位駕駛人平均分散在 230 公尺長的車道上，儘量以時速 30 公里左右穩定行進，跟前車保持安全距離。

　　才跑了一兩圈，車間距離就開始出現差異。這不是某個駕駛人的錯，也跟駕駛技術無關。每個人的車速在開車時都會稍有改變，但因為車道上的車子很擠，所以這些隨機變化在規律的流動中造成擾動，接著迅速擴大。

如果覺得 M25 公路無聊，可以來試試這條路。

　　某個駕駛人發現前車有點太近，因此踩了一點煞車，但又踩過頭了些，所以慢得太多了一點。這代表再後面的駕駛人也會減速過頭一些。如此一來，車流中的「擾動」逐漸擴大，不久之後，停停走走波（stop-and-go wave）開始出現。這是平均數量是 5 輛車的小規模阻塞，汽車必須暫停，之後才能繼續前進。

　　汽車慢慢開到阻塞段的最前端，就能回復到規定的時速 30 公里。但在此同時，後面又有新的汽車進入阻塞段。因此雖然汽車持續前進，這一小段阻塞卻在車流中慢慢後退。

　　這或許是只有 5 輛車的小阻塞，但仍然是阻塞，而且它證明只要汽車夠擁擠，不需要有瓶頸，就足以引發阻塞。真實世界的實際道路有個神奇數字，只要平均每公里車輛數超過這個數字時，車流就會開始不穩定。這個數字跟國家無關，也不受速限影響。德國和

日本多條公路的車流測量數據顯示，當車輛密度到達每公里 24.8 輛時，車流就會從順暢轉為壅塞[9]。如果公路更加擁擠，車流會變得不穩定，駕駛速度的少許變化很快就會形成停停走走波。

杉山的小規模阻塞在車流中後退的速度相當接近停停走走波在真實公路上的行進速度。空拍影片證實，無論阻塞範圍多大，自發性塞車沿公路向後傳播的速度永遠是時速 19.3 公里左右[10]。假設達特福過河處附近有一處交通阻塞，朝逆時針方向沿 M25 公路回堵了數公里。如果公路上的車輛總數沒有改變，而有些車輛從前方離開、有些車輛從後方到達，阻塞段將會沿著公路慢慢後退。一小時後，3 公里長的阻塞段將會離開達特福附近，沿公路後退 19.3 公里左右，到達塞文奧克斯附近。

交通波的
自然移動速度

如果覺得交通波永遠以相同速度移動，不受阻塞範圍和公路速限影響的說法有點違反直覺，請記住波的行進速率主要取決於駕駛人的反應時間，而反應時間取決於駕駛人在前方道路淨空後多久駛離。無論在什麼地方、速限多少，駛離時間幾乎都相同。

現在要問最重要的問題了。

車流中的波是**真正的**波嗎？如果是，它又是哪種波？杉山解釋：「停停走走波是非能量守恆消散系統的叢聚解（cluster solution）。」

我很高興他講得這麼直接。

最後我總算弄清楚，停停走走交通波的移動方式確實類似沙丘，但它們兩者都和水波大不相同。即使是出自河流或洋流、而且一樣在流中形成的水波，還是和它們不同。

交通阻塞和沙丘都是消散系統。在這類系統中，能量不是封閉在系統內，而會洩漏出去，因此必須不斷添加能量，讓波形移動到

其他地方。所以如果風沒有持續吹送沙粒，沙丘就會變成一堆靜止的沙子。同樣地，如果駕駛人到達阻塞處最前端時沒有踩油門，消耗燃料向前行進，交通波就不會沿公路後退，所有人則會停在公路上好幾天。這就是所謂的「連假的週末」（bank holiday）。

相比之下，在水面行進的一般行進波處於能量消散極少的系統中。水面受到擾動時，擾動會形成波，自己向前行進。

我想他是這個意思。

杉山教授體諒地說：「從物理學觀點理解交通阻塞這類現象是物理學的新興領域。雖然我們已經很熟悉交通阻塞現象，仍然很難真正理解它的發生原因。」

結束談話之前，我很想知道杉山教授當初怎麼會如此深入地研究交通行為，他的點子都是在跟 A303 一樣塞的日本公路上塞車時想到的嗎？

他說：「喔不是，我不開車，也從來沒買過車，連駕照都沒有。」

一直在談阻塞讓我想清理一下腦袋，所以我決定再沿著河散步一下。當時是 7 月底，矗立的積雨雲前幾天帶來幾場暴雨。河水幾乎滿到岸邊，平常有氣無力的細流現在變成生氣勃勃的洪流。

在柳樹樹蔭下，一塊平常露出水面的岩石已經沒入水中，但只是剛好在水面下。水流湧過障礙物上方，發出令人愉悅的潺潺聲。水流發出的潺潺聲讓人忘卻所有煩惱。

在岩石後方的河水表面，是我們已經很熟悉的流動駐波。要不是我滿腦子都在想水流中的波，我一定不會看它一眼，畢竟它實在不怎麼特別。它只是平常的水流爬升和落下，跟柳樹被風吹出的沙沙聲一樣普通。

但現在我**非常**專注，我開始覺得駐波停在那裡的樣子有某種**深層意義**，我不知道是什麼。它是水流行進中的暫停時刻。這一秒順著這個形狀爬升又落下的水，下一秒鐘就流走了，但水不斷流過，所以波一直停留在那裡。

這聽起來好像是我獨處時間太多，但我開始想，停留在我眼前的波會不會是某種「東西」。它其實是我們看得見、摸得著也能思考的東西。但它也只是一小片偏離主體的水流。它看來是個相當抽象的波。事實上，水流內的波的概念很難完全理解。叢集解、消散系統、臨界密度……似乎名詞愈長，就愈抽象、愈難理解。我處於波混淆狀態。這些波變得非常抽象，我必須找個能幫我穩下來的人談談。

在回家的路上，我去找我大學時的哲學教授，問他知不知道哪位哲學家能解釋水流中的波的意義。

有個叫做赫拉克利圖斯的人可以。他是大約是西元前 500 年的希臘哲學家，在蘇格拉底之前。

沒有證據可以證明赫拉克利圖斯在作品中探討過駐波，此外他也沒談過任何一種波。不過他確實討論過河流和水流。他的著作雖然沒有流傳到現在，但至少他曾經寫過幾句與這類主題有關的句子。我們對他的哲學概念僅有的認識全都來自其他人的作品，基本上就是這邊一段引文、那邊一段釋義，都是其他作者的詮釋。

　　從目前看到的引文看來，赫拉克利圖斯非常喜歡拐彎抹角，甚至自相矛盾*。他耽溺於自我矛盾的格言，例如「向上和向下的道路都是同一條路」、「圓的開始和結束是圓周上的同一個點」，以及「生和死其實相同，走路和睡覺、年輕和年老也是，因為後者會回到前者，而前者又會回到後者」[11]。難怪有些人稱他為「難懂的赫拉克利圖斯」，也有人說他是「謎人」。

　　對赫拉克利圖斯而言，**萬物**永遠都在改變。火焰雖然看來是明亮搖曳的物體，但其實它是個過程，是物質從一種狀態改變成另一種狀態的可見階段。河流也可說是這樣，赫拉克利圖斯指出「河水不停流動，所以我們每次涉水時踩到的河都不同」[12]。對他而言，

＊但這對他幫助不大。根據傳記作家第歐根尼・拉爾修斯的記載，他70歲時去世，死因相當離奇。他有水腫問題，因此眼睛周圍皮下積水腫脹，他以一貫令人難以理解的方式問醫師是否能「在潮濕天氣之後製造乾旱」。醫師搞不清楚赫拉克利圖斯要說什麼，所以他決定自我治療。他坐在牛棚裡，用牛糞蓋住全身。顯然他相信保暖能使體液蒸發掉。後來他就這樣死在牛棚裡，身上蓋滿牛糞。

支撐屋頂的橡木樑看來或許是恆久的，但這只是因為我們看不出來它的改變。樑經過幾百年後會改變，就像岩石經過幾千年後會碎裂一樣。亞里斯多德總結赫拉克利圖斯的學說時寫道：「……

萬物隨時都在變動，雖然……有時我們無法察覺」[13]。赫拉克利圖斯還指出：「太陽每天都不一樣」[14]。現在我們知道太陽是龐大的核反應器，燃燒時放射出能量，因此時時都在改變，這句話看來相當有道理。

根據比較近代的傑出哲學家羅素指出，科學永遠「在不斷改變的現象中尋找永久的基礎，試圖跳脫知覺流動的信條」[15]。換句話說，科學家用顯微鏡觀察，是想在我們周遭的所有變化中找尋不變的事物。起先，原子被視為不可分割的基本單位，但後來發現放射線後，發現原子還可以分解。有一段時間，我們認為構成原子的電子和質子不會改變，只會以不同的方式組合，形成各種物質。後來我們又發現，這些次原子粒子互相撞擊之後會分裂並釋出能量，產生大量電磁波。這表示在追尋永恆的過程中，唯一不變的就是能量。

這就是我覺得這種駐波如此奇妙的原因。駐波在水流中振動，毫無疑問是波，但它只是短暫時刻的連續體，是持續過程中的一個階段，是水的流動上升和落下的部分。如果我們周遭的萬物都是能量（它是改變的化身，因為它的名稱源自希臘文的「活躍」），那麼這種不起眼的波正以顯眼的方式告訴我們，我們視為永恆的所有事物最後都會消逝。

注釋

1. The Open University, *Waves, Tides and Shallow-Water Processes* (Oxford: Butterworth-Heinemann, 1999).

2. Frost, Robert (1926), 'Sand Dunes', from *West-running Brook* (1928).

3. The Open University, *Waves, Tides and Shallow-Water Processes* (Oxford: Butterworth-Heinemann, 1999).

4. Emerson, R.W., 'Seashore' (1857).

5. *Technical Assistance to the People's Republic of China for Optimizing Initiatives to Combat Desertification in Gansu Province*, Asian Development Bank, June 2001. Available at: www.adb.org/Documents/ TARs/PRC/R90-01.pdf

6. Ellis, L., 'Desertification and Environmental Health Trends in China', a China Environmental Health Project Research Brief (April 2007). Available at www.wilsoncenter.org/topics/docs/desertificationapril2.pdf

7. Brown, L.R., *Outgrowing the Earth: The Food Security Challenge in an Age of Falling Water Tables and Rising Temperatures* (New York: W.W. Norton & Co., 2005).

8. Sugiyama, Y., et al., 'Traffic jams without bottlenecks–experimental evidence for the physical mechanism of the formation of a jam', *New Journal of Physics*, 10 (2008).

9. The studies are: Kerner, B.S., 'Three-Phase Traffic Theory', and Helbing, D., et al., 'Critical Discussion of "Synchronized Flow", simulation of Pedestrian Evacuation and Optimization of Production Processes'. Both studies in *Traffic and Granular Flow '01*, ed. M. Fukui, Y. Sugiyama, M. Schreckenberg and D.E. Wolf (Berlin: Springer, 2003). Sugiyama, Y., et al., 'Traffic jams without bottlenecks–experimental evidence for the physical mechanism of the formation of a jam', *New Journal of Physics*, 10 (2008).

10. See, for example, Treiterer, J., and Myers, J.A., *Transportation and Traffic Theory*, ed. D.J. Buckley (New York: Elsevier, 1974), p. 13.

11. Quotations are from: Hippolytus, *Refutation* (IX.10.4); Porphyry, *Quaestiones Homericae*, on *Iliad* XIV, 200; Plutarch, *Consolatio ad Apollonium*, 10. Translation: Loeb Classical Library edition, 1928.

12. Plutarch, *Quaest. Nat.* ii, p. 912, and Plato, *Crat.* 402 a.

13. Aristotle, *The Physics*, Book 8, Chapter 3 (350 bc).

14. Also according to Aristotle, *Meteor*, ii. 2, p. 355 a 9.

15. Russell, Bertrand, *A History of Western Philosophy* (1946).

第五波

情緒不佳的波

爆炸打穿側面板金時，大衛・埃姆中士正負責操作機關槍。2004 年 11 月 19 日，在伊拉克西北部的泰勒阿法爾，這位 32 歲的美國陸軍中士正在為伊拉克警隊護送新進人員。護送部隊啟程後不久，埃姆中士就覺得狀況不大對勁。泰勒阿法爾安靜得出奇，通常會在塵土飛揚的街道上四處亂跑亂叫的小孩，現在一個都看不到。街角只有幾個十幾歲男孩，其中之一看著埃姆，在護送隊經過時做出割喉的動作。

　　埃姆中士用無線電通知護送隊其他成員，提醒大家提高警覺，因為他感覺有不好的事即將發生。他們轉過下個路口時，真的發生了。

　　一顆藏在左邊路邊的土製炸彈在他們經過時引爆。一團氣體火

球開始膨脹，前方是一片逐漸擴大的高壓，帶著碎片衝進埃姆的卡車側面。埃姆在震波前方無處可躲，它是全世界最殘酷的波。

等到埃姆中士的意識再回到車內時，他的眼睛跟耳朵都已經失去作用。彈片打進他的左眼，爆炸完全炸毀他左邊的耳膜。大約25名躲在附近建築內的武裝分子，開始朝他的卡車和護送隊其他人開火。

接下來的事埃姆都知道，他被司機拉出卡車、拖往一輛史崔克裝甲運兵車。子彈打在他們腳邊，火箭彈在周圍爆炸。另一位中士接替埃姆的位置，控制已被炸毀的卡車的機關槍，打中一名開著汽車炸彈衝向他們的武裝分子，這個武裝分子差點就衝進被圍困的護送隊。

埃姆和司機在比較安全的裝甲車裡，趕緊前往城鎮邊緣的前進作戰基地。埃姆勉強走下裝甲車的斜板，等待醫護人員，立刻陷入昏迷。他被送到巴拉德的戰地支援醫院，再送到巴格達。除了耳膜受損和眼睛受傷，爆炸還炸傷了他的顱骨，導致大腦左半邊嚴重瘀血。巴格達的神經外科醫師進行開顱手術，移去左邊顱區的一大塊顱骨，為埃姆的大腦空出腫脹的空間。10天之後，他在華盛頓特區華爾特李德陸軍醫學中心的加護病房裡醒來。

埃姆在這裡誤認護理師是CIA探員，相信自己又回到巴格達。他講的話毫無條理，也沒辦法執行簡單的指令。他的推理、記憶和問題解決能力都受損，經過長達5個月的認知治療才漸漸開始恢復正常。他是伊拉克及阿富汗戰爭特有傷害的典型案例：創傷性腦損

傷（TBI），原因是土製炸彈造成的震波[1]。

像埃姆這樣的負傷退伍軍人除了立即性認知問題，還有更普遍、更長期的症狀。這類症狀通常稱為創傷後壓力症候群（PTSD），包含焦慮、憂鬱和酗酒，自殺率也隨之提高。2008年一項針對伊拉克自由行動（Operation Iraqi Freedom）退伍軍人進行的研究發現，從戰場歸來後3～4個月內出現創傷後壓力症候群的研究對象，曾遭受近距離炸彈爆炸震波影響的比例較高[2]。

蘭德公司於2008年進行的研究[3]發現，2001年伊拉克戰爭和阿富汗的自由持久行動開始部署的164萬名美軍中，「在部署期間可能得到TBI症狀的人數高達32萬人」，也就是受近距離爆炸影響的比例高達1/5。比例如此之高的原因除了武裝分子製造許多土製炸彈，諷刺的是現代化克維拉防彈背心也是原因之一。防彈背心防止美軍遭到彈片傷害，因此在近距離爆炸中存活的人數比以往提高許多，以往在這類狀況下，士兵往往當場死亡。

即使看不出有形損傷，震波對大腦的影響也可能極為嚴重。爆炸使空氣壓力急遽提高後再突然降低，造成短暫但強烈的爆炸風，時速往往超過1,000公里，大約是颶風的10倍[4]。這類劇烈壓力變化可使頭骨變形，導致腦震盪或腦組織瘀血。此外，血管中也可能產生氣泡，隨血液流到大腦，使腦組織缺血死亡。這類強烈震波的電腦模擬結果顯示，震波會通過頭部和鋼盔間的氣隙，使頭骨產生逐漸擴散的變形。震波對大腦軟組織的影響如同車輛高速碰撞造成的頭部衝擊[5]。克維拉纖維鋼盔或許可為士兵頭部抵擋飛來的碎片，但難以防範震波造成的傷害。

震波對部隊的影響一直沒有受到充分認知。因為這類影響通常不會造成可見的創傷，且許多士兵也因為擔憂影響日後發展而不願通報部署後出現的精神問題。震波創傷不只是現代化戰爭特有的現象，而且可能成為隱形的流行性疾病。

⌒

那麼震波究竟是什麼？

震波不像海浪、電磁波或聲波那樣是某種特定的波，而比較像心情很糟糕的各種波。換句話說，前面這幾種波如果極度強烈，變得和平常「溫文有禮」的波大為不同時，都可以稱為震波。

最激烈也最引人注目的震波是聲音。爆炸時噴出的壓力波是聲震波，尤其是我們有時聽得見的激烈疏密波。但是我打算稱這種波為壓力震波，在固體中行進時則稱為密度震波，以免造成混淆，原因是大多數人認為「聲」這個字一定和一般音波有關，不會想到是炸壞耳膜的波。

這個心情好壞的比喻或許不能算是區分震波和一般波的好方法，但一般波可能變成震波、震波也可能變成一般波，所以我覺得這個比喻還不錯。那麼，波的心情很壞又是什麼意思？無論是海浪、壓力波或其他各種波，震波都具有以下一或數個特徵：

震波的外型會改變，與溫和狀態不同。 震波的形狀通常不一樣，沒有一般波那樣均勻對稱的外型。

舉例來說，壓力震波經由空氣到達時通常是一或多次壓力

戰艦上的 15 英寸大砲放射的震波通常看不見，只能觀察它在海面留下的痕跡。

急速升高，接著比較緩和地回復正常氣壓。相反地，溫和壓力波的氣壓升高和降低通常是對稱的。

震波通常非常急促。震波無論在什麼介質中行進，都會比正常速度更快。溫和的波無論頻率或強度，在特定介質中行進的速度通常是固定的，震波則行進得比較快。震波愈強，速度愈快。

震波心情不好、沒有耐心像其他波一樣遵守「波的基本原則」。 震波不會像溫和的波一樣反射、折射和繞射，兩個震波重疊時也不會直接疊加或抵消。

震波通常會帶來破壞。 震波通常會對通過的介質造成持續性影響，甚至導致損壞。舉例來說，當密度震波通過固體時，固體可能會破碎。如果介質是液體或氣體，通常溫度會升高，有時升高幅度非常大。相比之下，溫和的波通常相當有禮貌，離開時的環境和到達前沒什麼不同。

當然，物理學家對震波有更嚴格的定義，而不是用心情變化來表達。對科學沒興趣的讀者現在可以準備跳過，因為我要開始介紹科學定義了。科學家說震波是「非線性」，一般波則是「線性」，而線性或非線性則取決於波是否遵守疊加原理。疊加原理是兩個波互相重疊的結果，是兩者的波峰和波谷直接相加。

好，科學定義結束，現在可以回來了。

爆炸當然是最常見的震波產生方式，但爆炸不一定是人為的。舉例來說，1883 年一次大規模火山噴發掀掉印尼喀拉喀托島的頂端，噴出的大氣震波花了 10 小時又 20 分鐘，行進 11,600 公里後到達倫敦。倫敦格林威治天文台的氣象氣壓計記錄到氣壓突然升高，接著突然降低，然後又回復正常氣壓[6]。

火山震波

敏銳的觀浪者或許已經想到，以 10 小時又 20 分鐘行進這樣的距離，代表這股壓力波的行進速度比一般壓力波慢很多。一般來說，攝氏 5 度空氣中的音速（壓力波行進的速度）大約是每小時 1,207 公里，而 10 小時又 20 分鐘行進 11,600 公里則是每小時 1,126 公里左右。這似乎和震波的第二個特徵互相抵觸，因為它的行進速度沒有比一般波來得快，反而比較慢。但其實震波會在大氣中上下反彈，因此實際行進距離比直線長得多。

　　另一個自然震波來源是閃電。我們聽到雷聲時，這個聲音就是震波。在這裡，爆炸是電光產生的極度高熱造成空氣急速膨脹。這樣的膨脹造成波前極度尖陡的壓力波，接著是比較平緩地回復正常壓力。所以我們聽到這種形狀的壓力波就是來自打雷的爆炸嗎？我跟美國維吉尼亞理工學院的震波專家馬克・克拉馬教授談到雷聲時，問了這個問題。他告訴我，這類壓力變化在人類的耳中聽來很像「我們把電線接上汽車電瓶時，電火花產生的劈啪聲，或是撞球撞擊的聲音」。

打雷和閃電

　　我繼續問，雷聲為什麼聽起來比較像是震耳欲聾的撕裂聲（至少距離很近的時候是這樣）？他指出，一部分原因是「在我們看到電光閃一下時，其實是好幾次放電」。多個震波很快地接連產生時，聲音會擴大。此外另一部分原因是「雷聲會沿著電光產生，電光的長度通常有好幾公里」。這表示震波產生在電光路徑上的不同地點，距離較遠的震波傳到我們耳中需要的時間比近的震波來得長。由於這兩個原因，所以我們聽到的不是單一震波，而是多個震波合在一起形成的撕裂聲。

打雷產生的壓力波除了具有震波尖陡的波前，行進速度也比一般音波更快。事實上，它們遵循強度較大（聲音也比較大）的壓力波行進速度高於強度較小、聲音也較小的壓力波的法則。克拉馬教授說明，好幾公里之外的暴風雨的雷聲是低沉的轟隆聲，近距離的雷聲則是尖銳的撕裂聲，原因之一就是如此。他解釋：「波速取決於振幅」，而壓力波的振幅也是描述它的強度（或音量）的方式。「因此，不同的波會以不同的速度傳播，使波產生變形。」我因此知道，這樣的變形有助於解釋雷聲為什麼會隨距離而改變。

　　無論是炸彈引爆或閃電引發空氣急速膨脹造成的爆炸，都會產生許多頻率和強度不一的聲音，包含刺耳的聲音和隆隆作響的聲音、較大的聲音和較小的聲音，全部混合在一起。在接近電光的地方，這些壓力波混合成震耳欲聾的撕裂聲。但在距離較遠的地方，聲音會變得綿延。音量較大、強度較強的震波行進速度比音量較小、強度較弱的震波來得快，所以跑在前面。因此，只要這一連串震波傳得愈遠、擴散得愈大，聽起來聲音就會比較低沉。這有點像我們用棍子劃過鐵欄杆時聽到的音高：如果劃得很快，個別敲擊聲會合併成一個聲音，而且音高比慢速劃過時更高。這些敲擊聲其實相同，但我們聽到它合併而成的聲音則有高有低，取決於敲擊聲產生的速度。遠方的雷聲聽起來明顯不同，原因之一就是震波串拉長*。

---

*另一個原因是大部分雷聲傳到我們耳中之前會先在大樓和山丘間反彈，形成回響。此外，高頻音衰減得比低頻音來得快，因此遠方風暴產生的震波傳到我們耳中時，高音已經減少許多。

請自行配上震波的聲音。

～

幸運的是，我們不需要體驗炸彈爆炸或雷擊，也能親身感受震波。事實上，我們只要雙手抱膝，捲成人球跳進游泳池，就能製造

震波。我們撞擊水面時產生向外擴散的擾動水牆，就等於在水中製造伴隨閃電產生的雷聲。

游泳選手大多不喜歡震波。因為震波會浪費能量，選手通常會盡量避免。因此在 200 公尺自由式比賽槍聲響起時，我們不會看到選手捲成人球跳水（雖然我很希望他們這麼做），而會先以伸直的手指入水，盡可能不激起水花。他們用這種方式先排開水，盡量減少水的阻力，同時減少震波，也減少散失在水中的能量。然而選手們出發之後，另一種影響表現的水震波隨之出現。選手在水中加速前進時，這種震波會出現在頭部前方，稱為頭浪（bow wave）。

等一下，頭浪？震波通常會有的爆裂聲和隆隆聲，甚至還有水花，都跑到哪裡去了？事實上，雖然爆炸是最常見的震波產生方式，但不是唯一的方式。移動物體前端向外擴散的頭浪也能產生震波。這個移動的物體可以是游泳選手、水面上的船，或是在空氣中行進的物體，只要在介質中移動的速度夠快就可以。當物體的速度超過波在這種介質中的自然行進速度，使得波被物體趕上，最後互相擠在一起，頭浪才會發展成震波。

威力較小的
震波

如果游泳選手的頭浪聽起來太溫和，很難產生震波，何不看看以另一種方式產生的震波：噴射機以超音速飛行時造成的音爆。

這也是我們聽得到聲音的空氣壓力震波，不是水面上的震波，但原理是相同的。飛機在空中飛行時，前後都會產生壓力波，原因是飛機行進時排開空氣，前方的空氣必須快速移向兩側，並在飛機後方快速回到原位，以便填補飛機後方的空間。空氣快速移動使壓力急劇升高及降低，形成壓力波，從飛機向外擴散。

這聽起來
比較可能

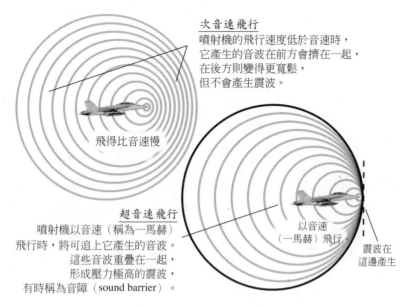

次音速飛行
噴射機的飛行速度低於音速時，
它產生的音波在前方會擠在一起，
在後方則變得更寬鬆，
但不會產生震波。

飛得比音速慢

超音速飛行
噴射機以音速（稱為一馬赫）
飛行時，將可追上它產生的音波。
這些音波重疊在一起，
形成壓力極高的震波，
有時稱為音障（sound barrier）。

以音速
（一馬赫）飛行

震波在
這邊產生

以音速飛行時如何製造震波。

這些壓力波呈球形擴散，有些從機鼻出發，有些從機尾出發。無論噴射機以什麼速度飛行，都會形成壓力波。我們雖然經常聽得到壓力波的聲音，但這類壓力波的聲音通常會被噴射引擎的聲音蓋過。只有一種狀況例外，就是噴射機的速度大於或等於音速，那麼我們就一定聽得到壓力波的聲音。

噴射機的速度到達音速（稱為一馬赫）時*，行進速度和它產生的壓力波速度相同。這表示產生在機鼻的波和噴射機速度相同，

---

* 我們以「一馬赫」和「兩馬赫」代替明確速度值的原因是實際音速隨空氣溫度而變。在攝氏 0 度時，一馬赫約為每小時 1,190 公里，攝氏 -20 度時則比較接近每小時 1,150 公里。

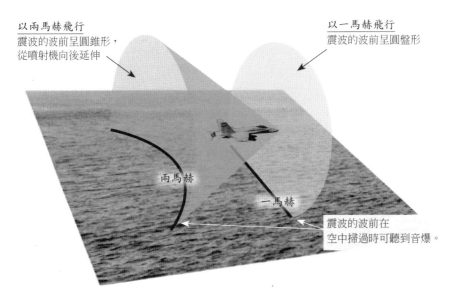

以兩馬赫飛行
震波的波前呈圓錐形，
從噴射機向後延伸

以一馬赫飛行
震波的波前呈圓盤形

兩馬赫

一馬赫

震波的波前在
空中掃過時可聽到音爆。

噴射機飛行速度超過音速時，震波的波前從圓盤狀轉變成錐形。

所以不可能到達飛機前方。因此壓力波會擠在一起，每個波峰和前面的波峰結合，互相疊加，形成強度愈來愈大的壓力頭浪。噴射機以音速飛行時，壓力波結合成震波頭浪。空氣壓力升高形成的突發震波從噴射機前方向外擴散，因為頭浪以音速一同行進，空氣壓力降低的震波（其實應該稱為尾波）則由機尾向外擴散。

在地面，高低壓震波和噴射機一起呼嘯而過時，我們就能聽到爆炸聲。前方的聲音剛過，後方的聲音立刻緊接著出現（但這兩次爆炸聲通常非常接近，很難分辨，除非噴射機飛得很高）。但飛行員的感受則完全不同。噴射機以一馬赫飛行時，震波的波前一直在

機鼻前方,所以飛行員不會聽到爆炸聲,必須等到加大推力,使飛行速度超過音速,突破音障(sound barrier)的時候,才聽得到爆炸聲。音障是位於機鼻前方的高壓震波,被稱為「障礙」的原因是飛機必須大幅提高推力,才能通過這片壓力升高的區域。如果噴射機所處空氣的音速是每小時 1,190 公里,則從每小時 1,190 公里加速到 1,207 公里時需要提高的推力將比從每小時 1,174 公里加速到 1,190 公里多得多,因為這樣一來,速度就必須超過音速,也就是超過一馬赫,因此進入震波波前的高壓區。飛行員衝破音障後,高壓區通過駕駛艙,聽起來像爆炸聲。

速度提高到超過一馬赫時,震波波前的位置隨之改變。一馬赫時,波前在噴射機前方向外延伸,像個龐大的高壓圓盤,黏在機鼻上,另一個低壓圓盤則黏在機尾。噴射機突破音障之後,兩個圓盤變成圓錐型,從機鼻和機尾向後延伸。兩馬赫,也就是兩倍音速時,震波圓錐的角度為 45 度。假如一架超音速噴射機以這個速度飛過上空,我們不會聽到音障的聲音,必須等飛機飛過,在後方延伸的震波圓錐到達,我們才聽得到音爆。

空氣或其他氣體受壓縮時溫度升高、膨脹時溫度降低。所以超音速噴射機製造的震波有時看起來像神出鬼沒的「震波領」或「震波蛋」。震波波前的高壓區後方有一小塊低壓區。壓力降低可使空氣大幅冷卻,使空氣中的水蒸氣暫時凝結成雲的微滴。依據飛行速度不同,這片附著在噴射機身上的超音速雲有時是圓盤狀(一馬赫),有時是圓錐形(超過一馬赫)。

它看來有時有點像我們在餐廳結帳時送的薄荷糖(參見次頁)。

一架 F/A-18 大黃蜂（上圖）和超級大黃蜂（下圖）突破音障，順便穿過非常大的薄荷糖。

超音速震波的聲音也各不相同，取決於噴射機飛行的高度。在非常高的高空，前後兩個震波錐到達地面時已經擴散開來，所以爆炸聲比較低沉，像是響亮的轟隆聲。但低空飛行的噴射機製造的聲音比較尖銳，像是兩把快速擊發的槍，甚至類似馴獸師長鞭的拍擊聲（其實應該是兩位默契極佳的馴獸師，因為他們的動作必須非常一致）。無論是轟隆聲還是拍擊聲，這些震波後面當然都緊跟著噴射引擎狂暴的嘶吼聲。

拿超音速噴射機和長鞭相提並論其實並不離譜。歸根結柢，鞭擊聲原本就是超音速運動產生的震波。「牧人的鞭聲」和「車夫的鞭聲」指的不是牛仔和馬車夫的股溝（譯注：鞭聲和股溝的英文都是 crack），而是使長鞭末端的運動速度超過音速，進而製造震波劈啪聲的技巧。經驗豐富的牧人或車夫能以相當輕鬆的手法打出響亮的鞭聲。他們藉助鞭子捲成的環，沿著鞭子傳遞能量，接著快速抽回握把，提高鞭子的張力。這個環起初緩緩行進，到達鞭子末端時變得愈來愈小、愈來愈柔韌，轉變成強力的超音速拍擊。

皮鞭震波

皮鞭最靠近握把的部分最粗，由許多條皮索編織而成，接下來慢慢收束，變得愈來愈細，最後是一段柔韌的單股皮索，稱為鞭梢（fall）。鞭梢末端綁著一小段彈性極佳的尼龍或金屬細繩，稱為響梢（cracker）。

如同逐漸變窄變淺的河道可以集中流入的潮水，形成更深、速

我的牧人的鞭聲看起來大不大？

度更快的波前一樣，皮鞭變細也可把經由移動的環或波浪傳來的能量集中到更小的空間。美國亞利桑納大學數學家研究，如果一條鞭子的長度是 2 公尺，末端直徑是握把端的 1/10，則鞭子揮動的能量集中之後，環在末端的行進速度將是它在握把端的起始速度的 32 倍[7]。

　　所以只要稍加練習，我們很容易就能使環的行進速度超過音速。高速攝影也顯示，如果要讓環到鞭子末端時的速度等於音速，進而產生震波音，響梢本身的移動速度將達到音速的**兩倍**，嘻哈！

請記住，除了因為波前尖陡而出現得十分突然，以及行進速度通常高於一般波之外，震波的第三個特徵是對通過的物質影響非常大，有時甚至造成損害。埃姆中士體驗到震波可能留下永久的印記，因為它通過他的頭骨和大腦時造成了嚴重瘀血。當然，有些不幸的士兵很接近爆炸點，因此在震波通過身體時丟掉性命。

　　震波通過空氣時，某些震波的波前壓力極大，因此使空氣溫度大幅提高。在極端狀況下，氣溫甚至會高到導致化學性質出現改變。震波對最外層地球大氣帶來的這類影響，甚至在太空飛行史上造成極度驚險的一刻。這一刻出現在 NASA 命運多舛的阿波羅 13 號太空人登月任務。我們要到任務後段才看得到震波帶來的影響，因為它發生在任務即將結束的前幾分鐘。

　　全世界的媒體都對 1970 年 4 月 11 日發射升空的這次任務興趣缺缺。前一年萬眾矚目的月球登陸任務結束之後，阿波羅 13 號的任務其實沒什麼不同。然而這次任務逐步展開之後，慢慢成為全球各大報的頭條新聞。電視實況轉播每個戲劇化的進展，似乎全世界都在屏息以待，想知道上面的三位太空人是否能順利生還。

只是再一次月球任務

　　問題從發射升空兩天後開始出現，一名太空人執行例行作業，開啟太空船上兩個液態氧槽中的槳葉，準備攪拌液態氧。他一開啟電源，槽中裸露的電線出現火花，立刻引發爆炸，在服務艙（太空船中沒有人的區域，放置推進器、電力和空調設備）的艙壁炸開一個洞，另一個液態氧槽也因而損壞。

　　太空人聽到爆炸聲，知道發生嚴重事故。警示燈亮起，電力系

統停擺，儀器也一團混亂，但他們不確定怎麼回事。後來指揮官吉姆·洛維爾朝窗外看，發現太空船的氧大量流失。當時他用無線電向任務管制中心講出了經典名句：「休士頓，我們碰到麻煩了。」

詹森太空中心的專家們立刻放棄登陸月球，全力讓組員安全返航。他們指示三位太空人離開在地球起降和在軌道上乘坐的奧德賽號指揮艙，移到在月球上起降用的水瓶座號登月艙。這時已經放棄登陸月球，所以可以把登月艙當成太空救生筏。但登月艙內的氧最多只能供應 45 小時，不足以讓太空人撐到原訂降落時間。所以休士頓的科學家必須算出風險較高的新航線，讓太空人儘快返航。科學家決定以登月艙大部分燃料在月球背面改變返航軌道，把飛行時間縮短 9 個小時。如果一切順利，月球的重力將可像彈弓一樣，把太空船彈回地球。如果失敗的話……也沒有 B 計畫。

太空人只要一進入正確飛行路線，就必須關閉電腦導航、引導和暖氣設備，盡可能節省僅存的電力。他們只能使用與地球通訊的無線電，以及保持空氣循環的風扇系統。因為沒有暖氣，最後溫度降到只有攝氏 4 度左右。

接下來的大問題是用來去除太空人呼出的二氧化碳的過濾器。登月艙中的過濾器原本只能使用數個小時，對登陸月球而言綽綽有餘，但不足以返回地球。二氧化碳濃度愈來愈高，科學家必須想辦法教太空人用手邊的膠帶、塑膠片和硬紙板改裝指揮艙的備用過濾器。此時太空人的考驗似乎還沒結束，任務管制中心說，他們返航的角度太小，可能無法回到地球，還會被彈到無法返航的軌道。科學家要太空人使用登月艙的降落推進系統，手動調整

好，我要講到重點了

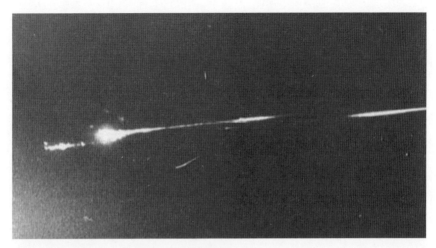

一名從斐濟群島坐飛機前往紐西蘭的乘客正好拍到這張阿波羅 13 號拋棄的服務艙和登月艙進入地球大氣時燃燒的照片。同樣的命運會降臨在已經損壞的指揮艙和三位太空人身上嗎？

航線，藉由讓太空艙的窗戶對準地球，確保飛行方向正確。即使回到正確航線，壓力還是沒有解除。他們必須回到指揮艙，拋棄登月艙救生艇，以便降落地球。但沒有人知道爆炸會不會炸壞進入大氣時保護太空人的隔熱層。這時候震波終於登場了。

他們**只**知道，指揮艙以每小時 40,000 公里的速度飛向地球時，前端空氣將會形成強大的頭浪。壓力非常大，空氣溫度將會上升到攝氏 2,700 度。此外他們也知道，如此高熱將使電子脫離空氣原子，使空氣從氣體變成電漿。

指揮艙前端的強大頭浪生動地展示了震波的威力，以及它的力量如何改變經過的物質。

太空人和任務管制中心知道電漿中的自由電子導電性極高，因

此會在太空艙返航時隔絕通訊用的電磁波。實際一點的說法就是，在飛行速度極高，震波足以形成電漿的 3 分鐘左右，無線電無法使用。最大的未知因素是攸關太空人生命安全的隔熱層。它究竟會不會損壞？它能承受震波造成的極度高溫嗎？

返航前

指揮艙進入外層大氣，震波壓力使空氣溫度大幅升高，變成阻隔無線電波的電漿。奧德賽號和任務管制中心的通訊中斷，世界各地的新聞主播忙著向專注的觀眾說明，現在我們只能等待。

返航中

三分鐘後，任務管制中心試著跟太空船通話：「奧德賽號，這裡是休士頓，隨時待命，完畢。」但沒有回音。

返航後

阿波羅 13 號任務管制中心內的狀況。返航震波帶來強烈的緊張氣氛。

三分鐘、四分鐘，太空人仍然沒有傳來無線電訊

號。

　　搜救直升機在太平洋中部美屬薩摩亞東南方的預計降落地點徘徊。詹森太空中心指揮室中所有管制人員都緊盯著馬表。四分半鐘之後，有人開始擔憂出現最壞的結果。

　　接著在一陣靜電爆裂聲後，無線電傳來飛行員傑克‧史威格特的聲音，全世界似乎都鬆了一口氣。

　　電影為了強調緊張時刻，通常會把時間拉長，但朗霍華的《阿波羅13》反而**縮短**了震波造成的無線電中斷。這時候不需要拉長時間來增加緊張感，真實狀況比好萊塢電影更好萊塢。

　　然而這個關鍵時刻的台詞其實做了些許改編。電影中的史威格特說：「嗨，休士頓，這裡是奧德賽號。」此時管弦樂奏出強音，「很高興再見到各位」。但其實太空人當時說的話一點也不好萊塢，他只說：「好的，喬。」

　　我或許讓大家對震波有了不好的印象。事實上，震波對它通過的介質造成破壞，有時候是好事，尤其是我們有腎結石的時候。

　　以非侵入性震波打碎腎臟內堅硬的結晶沉積物，醫學上的專有名詞是體外震波碎石術。患者躺在特製臥鋪上，震波產生器以高強度音波集中打擊腎結石。

　　這個手術的關鍵在於震波能量大多由密度突然改變的物體吸收。震波從柔軟的腎臟進入堅硬的晶體，再從另一面離開時，對結石造成很大的應力，使結石碎裂。一小時的療程大

粉碎腎結石

約放射 8,000 次震波，足以使直徑 1 ～ 2 公分的結石碎成小粒，在排尿時排出。非常好。

　　為了避免對骨骼和軟骨造成損傷，震波必須集中在正確位置。這個時候需要性格沒那麼激烈的波來幫忙。操作人員使用超音波或即時 X 射線掃描器標定腎結石的精確位置，這兩種機器都不使用震波產生影像。超音波掃描器發射無害的高頻率聲波，以彈回的回音產生影像，原理類似潛艇的聲納裝置（我們可以說腎結石是水雷，要用壓力震波把它們打碎）。X 射線掃描器又稱為螢光鏡（fluoroscope），是以低強度、高頻率的電磁波穿透患者身體。腎結石等堅硬物體散射和吸收 X 射線的能力都高於軟組織，所以在另一端的偵測器下看來是陰影。

～

　　在非常大的尺度下，地球體內的軟「組織」內也有一塊堅硬的物體。深入地下 5,150 公里，大約是地面到地心的 3/4 處，就會碰到這塊堅硬物體。

　　我們對地球內部已經了解不少。地球最外層是堅硬的地殼，平均厚度約為 32 公里。地殼下方是成分為其他岩石構成的固態地函，深度 65 公里以下時仍然相當堅實，再深入則是高黏度狀態。

　　外地核從深度 2,900 公里左右開始，是熔化的鐵和鎳構成的液態層，科學家認為地函內部流動是地球磁場的形成原因。在這片液體內部是固態的內地核，直徑約為 2,400 公里，將近月球直徑的 3/4，由固態的鐵和鎳構成（而不是乳酪狀）。

地球內部構造

人類目前鑽挖的最大深度只有 12 公里（俄羅斯在北冰洋科拉半島創下的紀錄），那麼我們又怎麼知道這些？答案是藉助地震產生的震波。

　　1961 年設立的全球標準地震觀測網是遍布全球的記錄系統，用來偵測核爆的低沉震波。這個國際監控系統的功能是確保美國、英國和蘇聯確實遵守禁止核子試驗條約。1963 年，美國、英國和蘇聯簽署這項條約，禁止在地表以上試驗核子武器。

　　這個遍布全球的地震觀測網還能更精確地記錄地震。科學家可以運用三角測量法，比較最初的地震波傳到不同觀測點的到達時間，找出每次地震的地點。我們終於發現，地震震央分布有一定的規則。震央是實際發生地震的地下裂縫在地表的對應位置。震央其實不是隨機分布，而是集中在明確清晰的斷層線上。這項發現徹底改變了我們對地殼的了解，證實了板塊構造理論。這個理論認為地球表面由數個龐大堅硬的板塊構成，隨時間緩緩相對移動。地震大多發生在板塊的邊界，原因是板塊間突然發生大規模摩擦。板塊劇烈剪向運動時產生震波，在地球各處迴盪。的確，全世界每天大約發生 50 次左右有感地震，其中會有數次振動比較劇烈，可讓全球各地的地震儀偵測到[8]。

　　地震在地下製造許多種波，每種波的特性略微不同。地震波分為兩大類，主要區別是穿過地球內部或只沿著表面行進。

　　穿過地球內部的地震波行進速度比表面波來得快。地震學家比較這種波到達不同觀測站的時間，藉以判定地震位置。速度最快、最先到達的波稱為初波（或 P 波），在地球內部行進的速度可達到

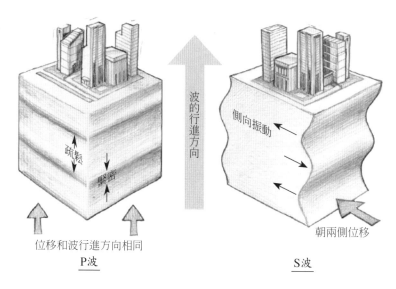

地震體波穿透地球內部。P 波是縱波，S 波則是橫波。

每秒 5 ～ 8 公里[9]。這種波是縱波，由地球內部的緊密和稀疏構成。換句話說，這種波也是密度波和推拉波，藉由地球沿波的行進方向來回振動而前進。P 波是另一種疏密波轉變成震波的樣子，這種疏密波就是聲波。如同我們能在水中聽到聲音、或是聽到隔壁鄰居的聲音，P 波也能通過地球內部的液態和固態區域。它和其他聲波的主要區別是波前尖陡猛烈以及振動強度不同。

　　距離大地震中心數千公里的地震儀記錄 P 波到達之後，將會偵測到幾分鐘後到達的另一種波，稱為次波（或 S 波）。這種波以 P 波速度的 60% 左右在地球內部行進，大約是每秒 4 ～ 12 公里[10]。S 波是橫波，也就是以波的行進方向為準時，岩石是左右或上下搖晃。

仔細觀察地震後的波動證據（例如哪種地震波在什麼時間到達那個地震觀測站），我們就能拼湊出地球內部的精確狀況。

　　舉例來說，跟震央相隔半個地球的另一端，一定觀測不到 S 波。這種狀況就像它被巨大的影子遮住，證明了地球中心有某種東西阻止 S 波傳到地球另一邊。從這塊影子的面積可以得知，這塊 S 波阻隔區比火星略大一點。由於有這塊影子，地質學家知道地函下方是外地核，而且外地核是液態。地質學家知道這點的原因是橫波（也就是像 S 波一樣左右搖晃的波）不可能穿過液體。

　　為什麼不可能？因為液體和固體不同，在左右運動時無法彈回。液體不具抵抗剪向運動的能力，也就是恢復力（restoring force），因此橫波無法通過。S 波只能穿過能抵抗剪向運動的固態物質。固態岩石內部朝一邊搖晃後會彈回原先的位置，所以波的振動能在其中行進。而無論哪種液體，左右振動後都不會回彈，只會來回流動，吸收這些振動。所以地球內部的液態層一定會阻隔橫向的 S 波，在地球另一端形成陰影。

　　地質學家運用這些推論方法，建立起可用的模型，說明固態地殼在何處轉變成黏稠的地函，接著再轉變成液態的外地核，最後是固態的內地核。進一步線索來自 P 波和 S 波在地球內部通過密度不同區域時的速度變化。速度變化使波改變方向，也就是被折射了。波在每一層快速行進時，路徑隨密度逐漸改變而彎曲，在交界處突然改變方向。但要拼湊所有線索沒那麼簡單。彷彿想故意誤導我們一樣，一種波可能會變成另一種波：S 波可能變成 P 波，P 波也可能變成 S 波。

地震觀測網就像龐大的地球掃描器。就像朝女性子宮發射超音波可以看到胎兒的影像一樣，地震放射的震波也讓我們能夠窺見大地之母體內的狀態。

談了這麼多，沒提到對我們而言最重要的特徵似乎說不過去：地震波往往會在地面造成嚴重的破壞。不過造成損失的其實多半不

破壞力最大的
地震波

是體波（body wave），而是表面波（surface wave）。顧名思義，表面波只局限於地球表面，從震央開始向外擴散，沿固態地殼行進，而不穿過地球內部。它的行進速度比 S 波稍慢，是地震儀經常偵測到的第三種波。

表面波分為洛夫波和雷利波兩種，分別以用數學方式加以描述的科學家命名。洛夫波使地表水平搖晃，以波的行進方向為準時是左右搖晃。另一方面，雷利波則是上下轉動，地面沿橢圓路徑運動。就這方面而言比較接近海浪*。

1886 年發生在美國南卡羅萊納州查爾斯頓的一場地震中，一位目擊者發現轉動的雷利波和海浪的相似之處。

地面開始像海面一樣上下起伏⋯⋯我看到地浪通過，跟我在蘇利文島海灘上看過幾千次的海浪一樣清晰可見⋯⋯波浪似乎來自西南和西北，從對角穿過街道，互相交叉。把我抬起來後又放下，我就像站在波濤洶湧的海上[11]。

＊但地面旋轉方向和海浪中的水相反。

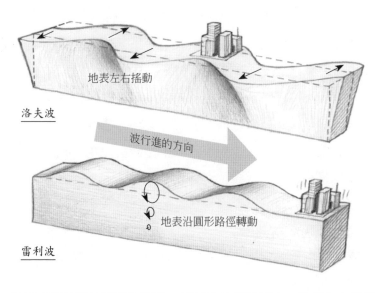

地表左右搖動

洛夫波

波行進的方向

地表沿圓形路徑轉動

雷利波

地震表面波沿地球表面行進，破壞力比體波更大。地表左右搖動時稱為洛夫波，沿橢圓路徑轉動時稱為雷利波。

　　表面波的等級以及地震造成破壞的能力不只取決於地震的規模，也受震源深度影響。即使是規模很大的地震，如果深度超過300公里，表面地震波也會比深度較小的地震溫和許多。2010年1月，在海地太子港造成嚴重災害的地震規模是7.0，而且深度只有12.8公里，因此表面振動相當強，幾乎夷平整個城市和鄰近城鎮。這個貧窮國家的大樓和基礎建設完全無法抵擋這些振動和其後的多次餘震。這種波在幾小時內奪走23萬人的性命。

有一種動物很懂震波，就是次頁圖中的小傢伙。

鼓蝦（又稱為槍蝦）是槍蝦科的甲殼類動物，生活在世界各地熱帶和溫帶海域礁岩。這種生物身長大多只有數公分，似乎不大可能跟震波有什麼關係。不過別忘了，大小不是震波的主要特徵，震波和其他波的不同之處在於波前尖陡、速度更快以及對經過的物質造成破壞。小規模震波不僅確實存在，而且是這種攻擊性動物的謀生工具。我說牠有「攻擊性」是因為牠有一邊的螯特別大，讓我想到丟掉一隻手套的拳擊手。

身材不是一切

槍蝦能以驚人的速度夾起大螯，製造出劈啪聲，用於互相溝通。潛水到一群槍蝦附近時，會覺得好像到了海底爆米花工廠。這種劈啪聲此起彼落，第二次世界大戰時甚至讓潛艇無法偵測到敵方潛艇的聲音。

不過這種劈啪聲不只是槍蝦間的摩斯密碼，還有更厲害的功能。槍蝦夾起大螯時，可產生每小時高達 105 公里的高速水流。這種效果有點類似小孩在游泳池裡快速握起拳頭時噴出的水柱，只是威力大了許多。槍蝦可運用這種水流擊昏甚至打死小魚或別種蝦子。這點已經相當奇特，但更令人驚訝的是產生攻擊效果的主角不是像響板一樣快速合起的螯，而是水底震波[12]。

這種震波雖然規模非常小，卻是足以比擬喀拉喀托火山噴發的微型震波。它的水流速度非常快，可產生空化泡（cavitation bubble）。在水流後方，壓力降低得很慢，因此海水會暫時變成水汽。氣泡會在幾毫秒內劇烈爆破，使壓力急速升高，形成在水中行進的震波，擊昏身長 4 公分的獵物。

快退後，這隻槍蝦有槍！

　　破碎氣泡內的水汽立刻被壓縮成液體，溫度急速升高到攝氏4,700 度左右。這樣的溫度已經很接近太陽表面的普遍熱度，同時產生閃光。這道閃光持續不到 1 毫秒，人眼看不見，但每分鐘 4 萬格的高速影片可以記錄下來。壓力波以這種方式產生光的現象雖然稱

為聲冷光（sonoluminescence），但在大自然中拍攝到這種光的研究人員喜歡稱之為蝦冷光（shrimpoluminescence）[13]。

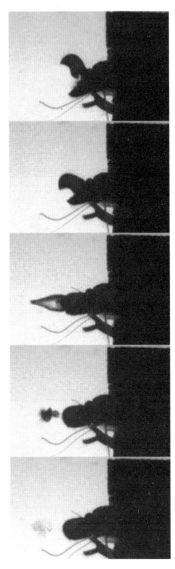

有個關於波的驚人事實是我們真的很少注意它。

這聽起來或許很矛盾，但確實有其道理。我們會注意波帶來的資訊，但通常不用注意它的波動，不需要知道這些微小卻活躍的傳訊者。我們不用了解光如何發揮照明作用，也看得到周遭的東西。如果有人說愛我們，我們一定不會特別去想這幾個字是透過一連串週期性壓力波傳到我們耳中。

這也是震波不同於其他波的主要原因。震波沒有這樣的性質。對這些波動世界中的殘酷猛獸而言，介質本身就是訊息。

我們已經知道有兩種方式可以形成震波，第一種方式是爆炸性事件，例如炸彈、火山或槍蝦的大螯。第二種方式是物體以大於或等於一般波在某種介質

槍蝦的大螯能做到小螯做不到的事：製造空化泡，產生用來擊昏獵物的震波。

中行進的速度移動時，物體前方形成的頭浪。但其實還有一種方法可以產生震波：某種波的自然壽命即將結束的時候。

事實上，這是我們最熟悉的一種震波。閉上眼睛，講出一種波，讀者們大概就能講出它了。

大家知道我要講的是什麼嗎？

我要講的是讀者們很熟悉的碎浪。海浪進入接近海岸的淺水時，速度減慢並且互相擠壓，同時變得愈來愈陡，最後變得頭重腳輕。當海浪的頂端垮下來時，就變成了震波。

請想想看：碎浪具有震波的所有特徵。它的波前很陡，這片坍塌、潑濺和洶湧的水永遠比後方平緩的坡度尖陡得多。碎浪行進得比一般波浪來得快，至少比較激烈的碎浪是這樣，水會塌下來向前潑。碎浪處於坍塌混沌的白水階段時相當紊亂，不遵守波的基本原則：反射、折射和繞射。水行進的能量中有許多轉化成熱和聲音，散失到周遭，而沒有持續形成海浪。

我們一直都在看著它們

碎浪和震波一樣都可能十分危險和具破壞性。衝浪客都知道，在不適當的時間站在大碎浪中不適當的位置可能危害生命，但對於不笨或是運氣太好，正好在大碎浪中間的衝浪客而言，大碎浪是最美的震波。我可以盯著它看好幾小時。一般波浪轉變成震波的一刻真的非常神奇。

前一刻它還是井然有序的水面起伏，下一刻就變成水中混沌的空氣亂流，以及空氣中的水亂流。還有什麼地方看得到這麼優雅地從有序變成混沌，在眼前一再發生？說它是從線性波轉換成非線性波，就定義上看來或許是對的，但是完全沒有搔到癢處。

碎浪是生命即將結束的波浪，或者是波浪水中生命結束的一刻，但它的能量會以其他形式繼續存在。波浪化為震波，把它的生命力獻給了空氣和海岸。

丁尼生曾經寫道：「嘩啦、嘩啦、嘩啦」

拍碎在峭壁的岩腳，啊大海！
但那逝去的美好時光
再也不回我的身旁 [14]

注釋

1. 埃姆中士的遭遇細節詳述於 Okie, Susan, 'Traumatic Brain Injury in the War Zone', *New England Journal of Medicine*, vol. 352, no. 20 (19 May 2005). 另外，他本人對於事件的說法請見 www.sermonstore.org/2004/Soldiers/D-Emme.html

2. Hoge, Charles W., et al., 'Mild Traumatic Brain Injury in U.S. Soldiers Returning from Iraq', *New England Journal of Medicine*, vol. 358, no. 5 (31 January 2008).

3. Tanielian, Terri, and Jaycox, Lisa H., eds, *Invisible Wounds of War: Psychological and Cognitive Injuries, Their Consequences, and Services to Assist Recovery* (RAND Corporation, 2008).

4. Mellor, S.G., 'The relationship of blast loading to death and injury from explosion', *World Journal of Surgery*, vol. 16, no. 5 (September 1992).

5. Moss, W.C., King, M.J., and Blackman, E.G., 'Skull Flexure from Blast

Waves: A Mechanism for Brain Injury with Implications for Helmet Design', *Phys. Rev. Lett.*, vol. 103, issue 10, 108702 (2009).

6. Winchester, Simon, *Krakatoa: The Day the World Exploded* (London: Penguin, 2003).

7. Goriely, A., and McMillen, T., 'Shape of a Cracking Whip', *Phys. Rev. Lett.*, vol. 88, issue 24 (2002).

8. Shearer, Peter, *Introduction to Seismology* (Cambridge: Cambridge Univ. Press, 1999).

9. Holmes, A., and Duff, D., *Holmes' Principles of Physical Geology* (London: Routledge, 1993)

10. Holmes, A., and Duff, D., *Holmes' Principles of Physical Geology* (London: Routledge, 1993).

11. Dutton, C.E., 'The Charleston Earthquake of August 31, 1886', *US Geological Survey, 9th Annual Report*, 1887-1888.

12. Versluis, M., Schmitz, B., von der Heydt, A., and Lohse, D., 'How snapping shrimp snap: through cavitating bubbles', *Science*, 289: 2114-17 (2000).

13. Lohse, D., Schmitz, B., and Versluis, M., 'Snapping shrimp make flashing bubbles', *Nature*, 413 (4 October 2001).

14. Tennyson, Alfred, Lord, 'Break, Break, Break' (1834).

第六波

在人與人間流動的波

1989 年的愛情喜劇電影《當哈利碰上莎莉》中,有一幕是比利·克里斯托飾演的哈利·伯恩斯跟朋友傑斯聊到他搖搖欲墜的婚姻。當時他們正在觀看美式足球比賽,但完全沒有注意場上的狀況。這場戲一開始是他們周圍的其他觀眾玩過波浪舞後坐了下來。哈利正講到他太太說想分居看看。他臉上沒有表情,彷彿他的人生已經徹底失敗。

「所以我說:『妳不愛我了嗎?』你知道她回什麼?」傑斯搖了搖頭。「她說:『我不知道自己有沒有愛過你。』」

傑斯說:「哦哦這真傷人。」這時觀眾爆出一陣歡呼,又一道波浪舞掃過。他們什麼也沒想,就跟著波浪舞站起來高舉雙手,接著繼續對話。

哈利說他太太只說她要搬到朋友的公寓去住，當時門鈴響了，他幫搬家工人開門。「我說：『海倫，搬家工人是妳約的嗎？』她說：『我一星期前約的。』我說：『妳一星期前就這麼想結果沒跟我說？』她回：『我不想讓你的生日掃興。』」這時觀眾又開始大喊大叫，大家又跳起來。他們兩人面無表情地自動跟著觀眾站起來歡呼，接著繼續講話。

　　哈利的太太騙了他，她其實是要跟一個稅務師私奔。傑斯說：「婚姻不是毀於不忠，不忠是問題出現的徵兆。」

　　哈利說：「哦真的嗎？」這時最後一波波浪舞的歡呼聲愈來愈大。「徵兆就是有人跟我老婆做愛。」

　　我第一次看這部電影時，只覺得這一幕很好笑，因為這兩個角色就這麼被動地隨波逐流。這一幕彷彿呼應著哈利已經無力挽回崩壞的婚姻。當然，一般人玩波浪舞時不是這樣隨波逐流，每個必須人主動參與，波浪才能繞行整個運動場。儘管如此，這個波浪彷彿是有生命的。它似乎不只是所有元素的總和，依靠群眾的集體能量繞行全場。即使已經極度疲倦，提不起勁參與，波浪掃過時似乎都能把人提起來，就像木偶一樣。

　　波浪舞在美國叫做「波浪」，在拉丁美洲則是直接翻譯成西班牙文 La Ola。波浪舞是從 1986 年墨西哥世界盃足球賽開始，受到全世界媒體注意。

　　行銷高手可口可樂（而不是行銷人員）運用這種觀眾自發性的

活動，馬上把波浪舞跟它連結起來，在電視廣告裡放進波浪舞的畫面，最後打出一行字：Coca-Cola, la Ola del Mundial（可口可樂，世界盃的波浪）。由於可口可樂是世界盃的贊助廠商，所以波浪舞也跟著這些廣告深入全世界 135 億人次的觀眾心中[1]。

大多數人都參與過波浪舞，可能是在羅德板球場的比賽，或是溫布利足球場的酷玩樂團演唱會上（他們正好在這個足球場舉行不開燈演唱會，用手機的光來照明）。我記得曾經有一次在倫敦的足球賽看到觀眾玩波浪舞。我很喜歡它揚棄個別差異、聽從集體意志的特質。我覺得這就是它吸引人的地方。當然，我們都覺得永遠失去獨特性的感覺也很可怕（這也代表我們或許原本就在欺騙自己，覺得自己的獨特性很高）。或許正因為這種恐懼，所以放棄時可以帶來愉悅。有點像是小孩要我們假裝怪獸在花園裡追他，因為被真正的怪獸追實在太可怕了？

向群眾投降

雖然觀浪很有趣、衝浪很刺激，但親身成為波浪則是完全不同的感受。我們成為波浪行進的介質，成為集體能量中的一小部分。

南亞和東南亞地區的大蜜蜂（*Apis dorsata*）不像歐洲蜜蜂一樣在密閉空間內築巢，而是讓蜂巢附著在較高的樹枝或懸空的岩石上，並聚集在蜂巢周圍，形成嗡嗡作響的大球[2]。

這類蜂巢是昆蟲界的奇觀，有部分原因是它的規模十分龐大，1×1.5 公尺的蜂巢表面布滿了大約 5 萬隻四處游移的蜜蜂。另一部分原因則是定時出現在蜂巢表面的波浪舞。這種波浪的成因可

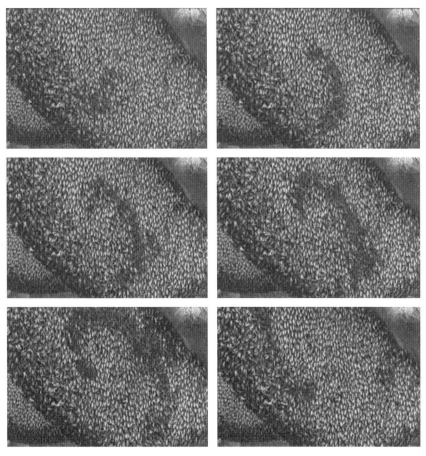

蜜蜂閃動：自然界中最奇特的露屁股行為。

以說是蜂巢外的蜜蜂不約而同地「露屁股」。這種行為稱為閃動（shimmering），是蜜蜂一波波地抬起尾部。由於蜜蜂腹部內側的顏色比黃色的背部來得深，所以看來像是黑色長條在蜂群中移動。這類波浪通常會從某個點呈螺旋形向外擴散。

蜜蜂為什麼會做出這種大膽的行為？用意似乎是嚇退掠食性的胡蜂。舉例來說，獵殺蜜蜂的黃蜂會攻擊蜂巢，搶奪美味的蜂蛹和其中的蜂蜜。因為蜜蜂只要用刺攻擊就會死亡，所以發展出比較不危害自身的防衛方法。閃動的蜜蜂尾部波浪從蜂巢表面可能遭到黃蜂攻擊的點開始擴散，作用是抵擋體型比他們大上許多的黃蜂[3]。不過這種戰術對體型更大的掠食者沒有效果。因此當鳥類攻擊蜂巢時，大蜜蜂只能義無反顧地採取以往的自殺式攻擊，程度之猛讓牠們被視為全世界最凶猛的蜜蜂。

蜜蜂對胡蜂

讀者們可能認為，黃蜂最後應該會知道這種波浪只是假象，但這其實高估了胡蜂的智力。胡蜂單獨行動時沒那麼聰明，能夠看出蜜蜂群的伎倆。這是群體智慧勝過單槍匹馬掠食者的經典範例，在群體中行進的波浪完美傳達了這個例子。

流經一群個體的波也能在缺乏食物時提高存活機率。至少對於盤基網柄菌（*Dictyostelium discoideum*）這種奇特的變形蟲而言，波確實有這樣的效果。

這種微生物生活在落葉樹林土壤中，以腐化樹葉中的細菌為食。這種生物在環境困苦時會聚集在一起，所以被稱為「社會性變形蟲」。一般說來，有很多細菌可供食用時，牠們大多各過各的，覓食、繁殖和生活都獨來獨往。在這種孤立模式中，牠們的行為跟一般非社會性變形蟲沒什麼不同，不會互相交談，也不會互相呼叫，只管自己的事。只有在細菌來源減少，面臨

你原本不理我，現在又變成我最好的朋友？

饑荒時，這種微生物才會開始認識彼此。

　　事實上，牠們是從一個極端走到另一個極端。某些變形蟲釋放出化學訊號，對鄰近細胞產生磁吸效應，讓其他變形蟲朝訊號來源移動，同時也一起釋出這種化學物質。如此一來，聚集的訊息透過化學訊號波和聚集行動在盤基網柄菌群體中傳遞。科學家以縮時攝影拍攝實驗室培養皿中的變形蟲「草地」缺乏食物時的狀況，從影片中看來，這類運動波看來像深色條紋，在變形蟲族群中呈螺旋狀擴散。雖然個別變形蟲太小（長度只有萬分之一公分），肉眼看不到，但牠們移動時仍然看得出草地表面顏色變深。這種向外擴散的細微深淺條紋看起來很美，但盤基網柄菌聚集的原因可就沒那麼美了。

　　幾個小時內，大約 20 ～ 30 個波之後，聚集在一起的變形蟲最多可達 10 萬隻，稱為「蛞蝓」。每個「蛞蝓」看起來像一小團凡士林，直徑只有幾公分。這跟我們在花園裡看到的蛞蝓沒有關係，那是一種軟體動物門的動物。儘管如此，從牠的名稱可以想見，這類變形蟲團會分泌出黏稠的物質，包裹及保護牠們，同時協助牠們一同行動。

從阿米巴到
蛞蝓

　　變形蟲聚集起來之後，波浪狀的協調行動就不會停止。類似的一波波化學物質釋出和運動彷彿在「蛞蝓」體內的群體中行進，發揮協調作用，讓整條「蛞蝓」像單一生物一樣前進。體內的變形蟲先前進再後退，形成縱向脈動，讓「蛞蝓」緩緩移動。位於前端的變形蟲隨螺旋波離開地面，而不像軟木塞鑽，如此一來，脈動才能順利地沿「蛞蝓」身體行進[4]。

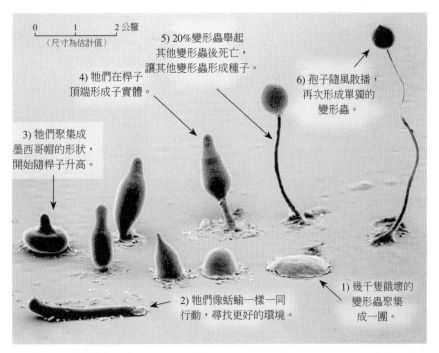

微觀尺度下的團隊合作。飢餓的盤基網柄菌聚集在一起，運用化學訊號波形成一條蛞蝓，一邊爬行，一邊尋找更好的生活。

這隻「蛞蝓」就像 10 萬個人一起裝扮的馬，四處尋求更好的生活，在走過的地方留下細細的黏液痕跡。發現更明亮溫暖的地方時，牠會像真菌一樣從地面立起，在尖端形成子實體。群體中有 1/5（長出短桿的變形蟲）為大我奉獻生命。牠們把其他盤基網柄菌高高舉起，距離地面高達 3 公分。位於頂端的幸運兒變成孢子，即將隨風散播出去。這些孢子到達有許多美味細菌可供食用的地方時，就會長出更多變形蟲。因此這些變形蟲又開始自己取食和繁

殖，跟以前一樣非社會化。牠們相遇時很少點頭，也不會打招呼。也就是說，等到食物再次減少時，這種波才會再度出現，重新開始整個循環。

～

在大多數「正常」的力學波中，能量隨波形行進，而它通過的介質，無論是水、岩石或其他物質，所在位置大致不變。但掃過體育場或經過大蜜蜂蜂巢表面和社會性變形蟲族群的波則完全不同。

在這幾個例子中，每個個體都花費了能量，但沒有把這個能量傳給鄰近成員。運動迷、蜜蜂和變形蟲都不是被動地跟隨鄰近成員一起活動，如同水分子在海浪經過時跟著其他水分子一起捲入圓周運動一樣。不是這樣的。有另一種完全不同的東西行經這些群體，在成員間傳遞，這個東西就是資訊。在足球觀眾間傳遞的是每個人應該在什麼時間以什麼方式行動，以便形成波浪。

這個概念頗具爭議性。

它有爭議性的原因是「正常」的波本身就能傳遞資訊。畢竟，這就是我們開始對波感興趣的原因：我們看見的光波傳來關於它碰到後反彈的物體的資訊，我們聽見的音波也能告訴我們產生它的人或物的線索。我們用各種波溝通的理由也是如此。舉例來說，無線電波可把節目訊號從發射站傳到我們的收音機。儘管如此，這些波都是從一個地方傳到另一個地方的能量。

但掃過美式足球觀眾、蜂巢和社會性變形蟲團的波動只有資訊，沒有其他東西。以波動方式在群體中傳遞的東西只有告知每個

個體如何行動的訊號。

物理學家會說波浪舞不是真正的波，因為它不是能量在介質中的運動，而是介質運用能量以某種方式自我協調。但我們看到的仍然是波。這似乎是個說它們真的是波的好理由，也包括扭動的蜜蜂屁股和聚集在一起的變形蟲。誰會在乎這些波是不是遵守同樣的物理定律？它們本質上就不一樣。

科學家可能不會同意。

但我跟他們講了 5 萬隻蜜蜂一起露屁股的事。

要發起波浪舞必須有朋友幫忙。確切說來是 24 個，因為如果只有你和同伴在米爾沃隊足球賽中舉起雙手跳起來的話，保證不會有結果。

我們知道這些，都是因為布達佩斯厄特沃什羅蘭大學的塔瑪斯‧維謝克教授的研究成果[5,6]。他和同事發現，如果要在體育場上發起波浪舞，至少要有 25 個人參與才能成功，而且這些人必須先講好要一起跳起來。至於這 25 個人是否要像英國足球迷一樣先喝醉、脫掉上衣、一直講垃圾話，研究裡就沒有提到了。

我向維謝克教授問到他的研究時，他解釋：「有些人曾經跟我說，25 人這個數字不對。他們說他們只有四個朋友就發起了波浪舞。他們試了三、四次，後來周圍的人也加入，最後達到所需的二十多人，發起波浪舞。」

維謝克教授對波浪舞感興趣的原因不是他是超級運動迷，而是

5 不是臨界值

「好，各位……等一下，要往左邊還是右邊？」
1986 年墨西哥世界盃足球賽，波浪舞開始紅了起來。

他研究了另一種群體行為。他先前研究過觀眾想欣賞安可表演時如
何同步拍手，產生一致的掌聲。另一項研究則探討發生緊急狀況
時，恐慌情緒如何在一大群人之中擴散。在一場運動賽事中，電視
台正在訪問維謝克，當提到他的研究時，觀眾正好在玩波浪舞，讓
他感到好奇。

　　維謝克分析運動賽事中拍攝的波浪舞影片，研究波浪舞如何開
始和如何傳播。他設計了一個簡化的電腦模型來模擬觀眾行為。這
個模型包含一些虛擬觀眾，每個虛擬觀眾極度簡化地代表一個成

員。這些成員只有 3 種可能狀態,分別是坐著但可加入波浪舞的「易激發」、站著舉起雙手的「主動」,以及只舉起雙手但完全不想站起來的「被動」。我向維謝克教授指出,對某些足球觀眾而言,這或許不算簡化。

　　儘管這個模型裡的「觀眾」很粗糙,維謝克等人仍然精確模擬出真實觀眾的波浪舞行為。藉由調整設定值,他們還能證明波浪繞行體育場的速度取決於觀眾的反應時間。在真實世界中,它移動得相當快,大約是每秒 12 公尺,也就是時速 43 公里左右。

　　有經驗的觀眾可在玩波浪舞時加入一些變化。維謝克說:「(美國印第安納州)聖母大學的新鮮人就很擅長發起波浪舞。學習如何發起波浪舞是那裡的文化。他們可以朝任意方向發起波浪舞,甚至同時往兩邊走。要達成這個目的需要好幾十個人,而且必須很能掌握狀況。」

　　然而,沒那麼厲害的波浪舞愛好者完全不清楚是什麼因素讓體育場裡的波浪舞朝某個方向行進,而不朝另一個方向走。假如觀眾站起來只是因為旁邊的人這麼做,讀者們或許會認為舉起雙手的動作會從發起人開始呈圓形向外擴散,就像朝池塘丟下一塊石頭一樣。因此波浪應該會同時朝兩個方向環繞體育場,即使是很會玩波浪舞的聖母大學觀眾,也要反覆練習才做得到這點。不過維謝克發現,絕大多數波浪舞只會朝某個方向行進。事實上,第二次研究[7]出現了偏差:「我們發現順時針方向和逆時針方向行進的比例大約是 6:4。」

　　這個結果包含一項波浪舞參與者的線上意見調查。奇怪的是,

在參與這項調查的 75 人中，歐洲參與者全都記得波浪舞在體育場中朝順時針方向行進，而澳洲參與者有 70% 表示是逆時針方向行進。這感覺相當類似南北半球的水流進排水孔時旋轉方向相反的老迷思*。然而就波浪舞而言，半球差異或許有幾分道理。

這聽起來不太可能，所以我決定自己研究。我承認我的研究不是非常嚴謹，但我看了 94 支不同的 YouTube 波浪舞影片（現在看來，這顯然是用來逃避寫這一章的替代性活動），其中有 69 支是在北半球環繞體育場的波浪舞。我算出有 40 支是順時針旋轉，29 支是逆時針旋轉，比例是 58：42，順時針旋轉較多。其餘 25 支影片是在南半球運動賽事中的波浪舞，其中有 10 支順時針旋轉，15 支逆時針旋轉，比例是 40：60，逆時針旋轉較多。

我問專業統計學家這些結果是否顯著。她說我可以 96.6% 確定，波浪舞朝某一方向與另一方向旋轉的機率在南北兩半球不同。南北半球差異存在的機率很高。顯然波浪舞在北半球比較容易朝順時針方向旋轉、在南半球比較容易朝逆時針方向旋轉，但我看的影片不夠多，沒辦法以顯著的 95% 機率如此確定這一點。我覺得這樣有點吹毛求疵。當然，這已經足以證明波浪舞比較可能在北半球朝順時針方向、南半球朝逆時針方向旋轉。因此我把這個結果命名為「波浪舞的半球偏差定律」。

結案。

＊ 地球自轉效應（稱為科氏效應〔Coriolis effect〕）可讓風暴系統朝不同方向旋轉，但在浴缸中跟其他隨機運動相比之下太弱，無法產生明顯影響。

～

讀者們或許有興趣知道河馬也會玩波浪舞。

不過這並不表示河馬會用後腳站起來，一起井然有序地揮動有
蹼的前腳，讓波浪沿著尚比西河邊慢慢推進。牠們雖然不會
把腳舉起來，但還是能製造資訊波，牠們的資訊波是一種聲
音通訊，在一群群河馬間傳遞，稱為連鎖呼應（chain chorusing）。

雄河馬會把鼻孔抬出河面，發出震耳欲聾的叫聲，牠們可能是
在傳遞勢力範圍訊息。美國費明頓州立大學教授威廉‧巴克羅研究
這種行為時，發現鄰近的河馬也會馬上跟進。

某一群的雄河馬發出叫聲，會讓河中更遠處另一群雄河馬浮上
水面並發出叫聲。這樣的群呼接著引發下一群呼應，使一連串叫聲
沿河流行進。巴克羅研究坦尚尼亞的動物，發現這種河馬叫聲可沿
河流傳遞 13 公里之遠，而且只要 4 分鐘就能到達[8]。

除了水面上的呼喊，河馬似乎也會在水中製造響亮的聲音，因
為牠們的叫聲能促使河中其他河馬浮上水面，一起發出叫聲，巴克
羅把這種活動稱為「兩棲通訊」。河馬把鼻孔抬出水面，嘴巴、下
顎和喉嚨仍然在水中，在水面以上和以下同時發出聲音。

音波在淡水中的行進速度是在空氣中的 4 倍以上，因此河中其
他河馬理論上會聽到兩個聲音：先聽到水中的叫聲，接著聽到水面
上的叫聲。（牠們可能會藉由聲音的時間差來判斷發出叫聲的河馬
距離多遠，就像我們計算閃電和雷聲的時間差來判斷雷雨距離多遠
吧？）

河馬電報

河馬的叫聲由許多種音調組成，顯然也包含大象用於長距離通訊的次聲波頻率。河馬的波浪舞似乎比人類的複雜得多。誰知道這些雄河馬在說些什麼？其中應該會有些像「我的地盤」、「我的雌河馬」和「快滾」的字眼，至少我們可以確定最後應該是「傳下去」。

～

羅馬波格賽公園邊緣的拿破崙廣場裡，有座觀景台俯瞰下方氣勢雄偉的人民廣場。從這座觀景台向西看，在台伯河的另一邊，可以看到聖伯多祿大教堂的圓頂矗立在磚紅色的屋頂之間。這裡是羅馬年輕人和愛人沉浸在夕陽中、相看兩不厭的熱門景點。

這裡也是英國老頭子觀察另一種物以類聚的絕佳地點，就是羅馬的椋鳥群。我住在羅馬時某個晴朗的冬日傍晚第一次看到這種鳥，一開始我還看不出來是什麼。這種鳥成群結隊飛來，沒有固定的形狀，隊形時時拉長、改變和捲曲，相當令人驚奇，所以我記得很清楚。從此以後，只要我在接近傍晚時到那一帶，就會跑上觀景台，推開一對對的情侶，觀看這種鳥上下翻騰、散開又聚集、合併後又分開。我永遠看不膩這個奇觀，只可惜通常不超過 20 分鐘。

椋鳥群的數目從 200 隻到 5 萬隻不等，秋季和冬季傍晚，牠們從鄰近鄉村覓食歸來，準備回到羅馬市區樹上的鳥巢時，經常在天空表演這類飛行秀。牠們通勤的方向和義大利人相反。這種奇特的群集行為有什麼理由嗎？團結比較安全只是理由之一，這類表演活動還可協助這幾千隻鳥聚集和決定牠們在築巢地過夜

空中通勤者

230

李查・巴恩斯的《低語 21 號》描繪羅馬天空中的椋鳥群。椋鳥表演空中芭蕾時，牠們聚集而成的黑色團塊在鳥群中呈波浪狀擴散。

的位置，就像一場大規模的空中音樂派別遊戲，所有遊戲參與者都有自己的位子。

　　基於某些原因，這個景象經常讓我想到賈克・大地 1953 年的經典電影《于洛先生的假期》裡的一幕。于洛先生在法國某個海濱小鎮度假時，目不轉睛地看著一團牛軋糖從旅館外一台冰淇淋車旁

邊的鉤子垂下。這團黏稠的糖果在太陽下垂得愈來愈低，似乎快要垂到地上。于洛顯然很看不過去這個畫面，又不確定要不要動手接住它。但小販每次總是在千鈞一髮之際把它甩回鉤子上。

我不知道為什麼會想到這個畫面。再怎麼說，椋鳥和牛軋糖不同，有種完全不具重量的特質。椋鳥的糞便也不是如此，所以羅馬人很討厭這種鳥。椋鳥群一致地飛行時看來或許很美，但如果我們運氣不佳，把最愛的偉士牌或 Smart 小汽車停在牠們棲息的樹下，牠們也會肆無忌憚地把它蓋滿鳥屎。這種鳥類的數量現在已經達到羅馬總人口的 4 倍，釀成嚴重問題。

我發現有以鳥群密度構成的漣波在鳥群中流動，從一邊到另一邊。椋鳥短暫聚集形成的深色帶狀掠過鳥群，與飛行方向垂直。我很好奇這種一閃即逝的波是什麼。它是不是確保椋鳥不會撞在一起的機制，就像速度很快的通勤乘客在電車上不斷調整位置，避免侵犯彼此的個人空間？或者是幫椋鳥傳達更複雜的訊息？

鳥群神奇的同步讓科學家大惑不解許久。1970 年代，甚至有人提出可能有領導者藏在鳥群中，製造靜電場，告訴其他椋鳥如何行動[9]。牠大概是這麼講的：「全部向左轉……好，大家等一下……現在右轉、右轉、右轉！」較早之前，1930 年代一項研究提出，椋鳥是藉助意念轉移讓所有椋鳥同時改變方向[10]。

這些說法全都不對，因為鳥類有時會透過波溝通，不過是運動形成的波。1984 年的一項研究以高速攝影拍攝海邊黑腹濱鷸的集體飛行，發現其中一隻發起的動作可能會形成運動波（movement wave）擴散到整群，協調整個鳥群的飛行[11]。

但鳥群似乎不是跟隨某一隻鳥。從影片可以看出，只要是跟著鳥群而不是遠離鳥群，任何一隻鳥都能改變鳥群的飛行方向。一隻鳥飛離其他鳥時，通常會被忽略。這個方向法則的用意可能是防止鳥群分散，同時提高對猛禽攻擊的反應能力，因為猛禽通常會攻擊落單的鳥。的確，抵禦空中攻擊應該是這類運動波的主要理由。位於外圍的幾百隻鳥一發現掠食者接近，就能把訊息很快地傳遞到整個鳥群＊。舉例來說，椋鳥群遭到遊隼攻擊時會先聚集成球狀，再以帶狀方式離開，混淆掠食者的視線。

　　影片顯示鳥群方向開始改變時，一隻鳥必須花費 70 毫秒回應鄰近椋鳥的動作。但集體波運動開始掠過鳥群時，只要 14 毫秒就可跟著改變方向。有趣的是在實驗室中測量時，黑腹濱鷸的平均反應時間只有 38 毫秒左右。看到波掠過鳥群似乎能加快椋鳥的反應速度，比完全依據鄰近椋鳥的動作改變方向快上許多。椋鳥看到波接近時可以提早幾毫秒做好準備，就像光鮮亮麗的舞

踢腿的
黑腹濱鷸

＊ 這個在鳥群中的資訊快速傳遞方法有時稱為特拉法加效應，以 1805 年英國在特拉法加海戰中採用的戰術命名。在這次海戰中，英國用旗子傳遞法國與西班牙聯軍已由加的斯出發的訊息。雖然英國納爾遜的艦隊駐紮在外海 80 公里處，看不到岸邊的狀況，但派出多艘艦艇，一路連到最接近港口的四艘巡防艦，每艘艦艇都可看到鄰船。因此。敵軍已經離開港口防衛的旗號很快就傳到位於地平線之外的勝利號上的納爾遜。這種消息傳遞方式花費的時間比當時任何船隻更短、距離也更遠，讓英軍得以提早部署，以逸待勞。椋鳥群也以相同的方法快速傳遞遊隼接近的訊息，但目的不是攻擊而是防衛。此外椋鳥快速傳遞訊息的方法是側向動作，而不是揮動旗子。

者注視踢腿順著歌舞線逐漸接近，以便估算自己踢腿的時間一樣。因為這個緣故，探討鳥類成群飛行時協調動作方式的理論有時稱為歌舞線假說（chorus-line hypothesis）。

〰️

椋鳥的協調飛行已經演化了成千上萬年，但體育場裡的波浪舞顯然是人類發明的。史上最初的波浪舞究竟是什麼時候出現的？第一批觀眾又是怎麼協調，讓波浪繞行全場？

我們已經知道，觀眾必須有意識地協調，才能製造出波浪。必須有足夠的觀眾知道等一下要做什麼，波浪才能繞行全場。這種著名的活動還沒有問世時，觀眾又是怎麼協調，才製造出波浪？*

依據美國華盛頓大學美式足球隊的官方網站[12]，史上第一次波浪舞出現於 1981 年 10 月 31 日，地點是西雅圖的哈斯基體育場，當天的比賽是華盛頓大學對史丹福大學。

史上首次波浪舞的發起者是哈斯基（按：Washington Huskies 為華盛頓大學美式足球隊隊名）校友羅布・韋勒。韋勒念大學時是哈斯基隊的啦啦隊員。從歷史上看來，啦啦隊原本是屬於男性的活動，而且韋勒很幸運，他不需要穿短裙拿彩球，只要協調觀眾，炒

---

* 當然，波浪舞一定是在觀眾間自然擴散。美式足球的口號、橄欖球的歌曲和隨處可見的慢速拍手，都是少數觀眾行為擴散到所有觀眾，讓整個體育場一起參與的例子。但這些波都是自然發生的，訊息和熱情必須花費一段時間擴散，逐漸感染所有觀眾。

熱場上的氣氛就好。這場對戰史丹福的比賽是返校賽，在華盛頓大學開放校友回母校參與一星期的慶祝活動時舉行。當天，韋勒跟前任哈斯基樂儀隊指導老師比爾·畢塞爾一起站在球場邊，手上拿著麥克風，準備像 10 年前一樣帶領觀眾加油。

到了比賽的第三節，韋勒和畢塞爾想要主場觀眾站起來，從最下方的一排開始，一直到最上面。這樣原本應該會製造出同心波浪舞，而不是我們現在喜愛的波浪舞。唉呀，後來發現要讓觀眾做出類似在池塘裡丟下石頭的效果太難了。不過韋勒成功地讓觀眾依照順序站起來，做出波浪從 U 形的哈斯基體育場一端掃到另一端的效果。哈斯基隊的網站上說：「在史上第一次的波浪舞中，哈斯基隊的球迷站起來後沒有坐下，直到一整圈體育場都站起來為止。」[13]

韋勒和畢塞爾後來於 2001 年再度來到哈斯基與史丹福的返校賽，帶領 20 週年紀念波浪舞。

結果就是這樣。

至少我一直以為是這樣，但後來我看到了這個：

我的嚴正聲明：
我，瘋子喬治，是波浪舞的發明者。
我於 1981 年 10 月 15 日編排波浪舞，
當時有全國性電視轉播
球場裡座無虛席

進行的賽事是美國聯盟冠軍賽

奧克蘭運動家隊對紐約洋基隊

　　外號「瘋子」的喬治・韓德森在家鄉加州運動迷間是知名人物。他原本是老師，現在自稱為「專業啦啦隊員」。他在觀眾前面非常好認：地中海式禿頭，頭髮是白色的，敲著他的招牌小鼓，向觀眾發號施令。

　　現在我通常不大理會全部用大寫字母發表的聲明（瘋子喬治的網站上的波浪舞發明者聲明就是這樣[14]）。儘管如此，他的聲明或許還是有些值得參考之處。

　　他在聲明中提到的球賽在奧克蘭體育場，時間比哈斯基的比賽早了整整 16 天。瘋子喬治一如往常，帶領他那一區的觀眾加油，「我要大家在我的手指到時站起來。起立、歡呼，然後坐下。」他告訴大家，如果波浪舞停下來就喝倒采。最初兩次嘗試只在體育場裡走了幾區。波浪舞停下來時，喬治這區就喝倒采。他自豪地回憶道：「第三次，波浪舞繞了一整圈，當時整個球場都站起來鼓掌。」[15]

　　那證據在哪裡？嗯，說來真巧，1981 年奧克蘭運動家球季精華版影片提到，波浪舞第一次出現在運動家對洋基隊的比賽中。讀者們可能會覺得這樣應該大勢底定了。

瘋子喬治：他或許是專業啦啦隊員，
但波浪舞真的是他發明的嗎？

「沒錯！就像一片人浪掃過體育場！」

　　但經營運動賽事娛樂記錄公司的強・庫多在他的網站 Gameops.com 上貼了一則故事，指出瘋子喬治是波浪舞的發明者時，卻引來大批哈斯基球迷在下方憤怒地留言，批評他偏頗。他們指出他跟代表瘋子喬治的賽事記錄單位合作。庫多在網站上宣稱：

多年前我花了很多時間撰寫報導，說明波浪舞以及喬治和華盛頓大學的主張。我跟華盛頓大學運動處的人花費幾小時談了幾次，我的結論是這樣的：他們知道他們的主張是都市傳說，也很樂意宣揚。然而他們沒有解釋 1981 年 10 月 31 日（他們宣稱華盛頓大學「發明」波浪舞的日期）怎麼會早於 1981 年 10 月 15 日（影片中喬治在奧克蘭發起波浪舞的日期）[16]。

不過他拒絕再透露其他細節。他說：「我們貼出這篇故事之後，有華盛頓大學球迷（真的）威脅要對我不利。」

庫多現在不看關於這個主題的所有電子郵件、留言或信件（我也應該這樣。）

小說家尼可森·貝克在《樓中樓》中令人愉悅地詳細描寫年輕職員霍伊某次午休的細節。某一刻，霍伊走進男洗手間。他站在尿盆前時，聽到一個同事神采奕奕地用口哨吹著〈我是個洋基傻瓜壯丁〉（*I'm a Yankee Doodle Dandy*）。

這讓他想到有一次他喝下第一杯咖啡時「突然醒過來」，開始不停地吹著《窈窕淑女》裡的〈那樣不是很讚嗎？〉（*Wouldn't It Be Loverly?*），但發現他的口哨聲蓋過了小隔間裡其他同事的抒情搖滾經典名曲音樂聲。這件事當時讓他覺得有點不好意思，但後來他很高興地聽到影印機旁有個人以花俏的方式吹著他

餘音繞樑的
盥洗室

的歌。他們一定是在其他小隔間裡聽到他不客氣地蓋過同事的音樂聲了。

回想結束，霍伊走出洗手間，大步走進辦公室走廊，突然發現自己正在吹〈我是個洋基傻瓜壯丁〉。歌曲似乎是會傳染的。

當今的演化論傑出學者理查‧道金斯發明了迷因（meme）這個詞代表有感染性的「歌曲、點子、流行語、流行服飾、製作陶器或建造拱門的方法」。如同基因傳播的方式是透過精子或卵子在人體間傳遞，「迷因也透過廣義說來可稱為『模仿』的過程在大腦間傳遞，藉以在迷因庫中傳播」[17]。

貝克的吹口哨迷因是在辦公室中擴散的微小資訊波。但這類模仿漣波和波浪舞的不同之處在於它是下意識的、是不請自來的。

在弗里茲‧萊柏1958年的叛逆短篇科幻小說〈啦滴滴嘟嗒滴〉（Rump-Titty-Titty-Tum-Tah-Tee）中，一群雄心勃勃的知識分子聚集在一位前衛的「偶然藝術家」的工作室，觀看他創作頗受稱道的潑色畫，著名的爵士鼓手泰利‧華盛頓也在其中。就在藝術家取好定位、拿起畫筆、站在龐大的空白畫布上時，他在中空的非洲原木上敲出狂放的節奏。藝術家朝空中灑出顏料時，泰利正好在原木上敲出和小說標題相同的節奏。顏料也正好以相同的節拍落在畫布上：啦滴滴嘟嗒滴！這些知識分子對這樣的巧合大感驚訝，因此都迷上這個讓人朗朗上口的節奏，後來也都不知不覺地透過各自的創作領域傳播這個節奏。

其實這個節奏的感染力非常強，幾乎已經傳遍全世界。由這個節拍發展出來的新音樂風格成為國際風潮。許多人開始帶著形狀模

仿潑色色塊的布洛托卡。「啦滴滴嘟嗒滴！」很快就讓全人類臣服在它腳下。幾星期後，這群知識分子再度聚會時，其中一位精神科醫師失望地說：「我沒辦法把它趕出腦海、無法把它趕出身體。」他們都被身心束縛綑綁住了。

要遏阻這種音樂瘟疫，唯一的機會是辦通靈會。他們在通靈會中發現，爵士鼓手泰利的遠祖是壞巫醫，一定曾經對後代施法，不懷好意地放出這個節奏。他們必須跟這位巫醫的靈魂溝通，才能阻止節奏繼續蔓延。

這種迷因或許跟道金斯心目中的迷因不完全相同。

萊柏的傳染性節奏或許是個有趣例子，說明概念如何化成資訊波 —— 更精確地說是海嘯。但它實際上或許沒有聽起來那麼了不起。就以金融市場裡起起落落的財富當例子好了。上下起伏的富時指數、道瓊指數和恆生指數是否象徵某種波？經濟學的艾略特波浪理論似乎這麼認為。

股市波

1930 年代提出這個理論的美國會計學家勞夫·艾略特在 1929 年的華爾街股災中失去工作和許多財富。本質上，艾略特認為股票市場的牛市和熊市階段都可視為一連串波浪。如同海面上的小漣波可疊加在較大的波浪、較大的波浪再疊加在潮汐上一樣，金融市場的振盪也會以不同的時間尺度同時發生。他指出，無論是小型、中型、基本或特大循環，都有固定的型態，包含五波上漲和三波修正性下跌。

老實講，我不知道股票市場的波峰和波谷是不是可以當成真正的資訊波。這些上漲和下跌或許只是在畫出變化圖形時看起來像波浪。但即使波浪只是比喻，看起來也很可信。代表全球市場財富的信心「波」其實是我們的心理狀態總和，是所有人對金融安全性的感受的總結，可以當成我們貸款、存款和投資的參考。

因此就邏輯上看來，這代表交易員和基金管理人都是衝浪客。他們不斷嘗試在適當時刻站上信心波，努力駕馭浪頭，並在浪頭落回地面之前及時安全脫身。

那麼流感呢？流感在人和人之間傳染，跨越國境，成為流行性疾病，甚至跨越大陸，成為大規模流行性疾病。每個病毒都含有基因碼，隨病毒在感染宿主細胞中增殖而傳播，並且藉由打噴嚏和接觸等管道傳染。1968 年的流感大流行在幾個月內從香港蔓延到全世界。死亡率相當低，全世界大約有 100 萬人死亡。相反地，1918 年的西班牙流感則在僅僅一年內導致 4,000 萬人死亡，估計感染人數接近全世界人口的 1/3[18]。但這兩次大流行都遠比不上細菌導致的黑死病。據說黑死病的死亡人數約為 14 世紀中葉全歐洲人口的 60%[19]。

流感大流行波

2009年，舉世關注4月發生於墨西哥維拉克魯茲省（Veracruz）、在幾個月內蔓延到世界上大多數國家的 H1N1 流感大流行將導致多少人死亡。2009 年底，據說 130 個國家共有將近 1 萬 3,000 人死亡[20]，但原本可能難以阻止的一波死亡潮變成一波恐慌潮。但對瑞士的羅氏藥廠而言則是一波獲利潮，這家公司在 2009 年年底預測當年全世界克流感的銷售額將達到 16.2 億英鎊[21]。

即使病毒初爆發時的死亡人數比前幾次流感大流行少得多（謝天謝地），但病毒依然像巨浪一樣席捲全世界的人口。美國疾病管制與預防局估計，單單美國，感染病毒的人數就介於 3,900 萬到 8,000 萬人之間 [22]。這種波浪舞不僅是不請自來，而且可能無法控制。它的地理傳播不像波浪舞掃過體育場那麼單純，而是沿運輸網行進，大致上由飛行航線決定。儘管如此，它依然還是遺傳訊息波，介質則是全世界人類。由於人類感染病毒後可以痊癒，所以它的擴散方式和一般波浪相同。值得慶幸的是，它似乎沒有成為醫學界的震波，在它行經的人類介質留下永久性的影響，這句話的意思是人類感染後不會恢復健康，而是死亡。

2009 年達到頂點的信用緊縮就像金融界的震波。經濟信心的波峰搖搖欲墜，整個金融體系變得十分不穩定。無論溫和或劇烈的規律波動都完全崩潰，市場在經濟亂流漩渦和財富出逃下崩盤。金融衰退中有常見的可逆轉趨勢，例如股價暴跌、資產價格降低，失業率上升等，但也有普遍且不可逆轉的損害，例如世界各地的銀行必須依靠政府支撐，大型金融機構完全崩潰等。

這些混亂和失序似乎跟有趣的波浪舞完全不同。歸根結柢，這些無害的資訊波是集體控制的傑出展現。

體育場波浪舞的樂趣是看到所有人一起參與沒有意義但同步又自發的活動。如果我們能控制我們自己，讓波浪舞繞行體育場，那麼應該也能同心一致，對抗現代醫學、金融或其他領域的大規模流行病，避免它們像震波一樣造成不可逆轉的破壞。

為大眾福祉
製造波

注釋

1. 這是根據 *FIFA World Cup TV viewing figures: Final Competitions 1986-2006* 得到的所有比賽觀眾人次總和，可以在 FIFA 官方網站找到這份資料：www.fifa.com

2. Oldroyd, B.P., and Wongsiri, S., *Asian Honey Bees: Biology, Conservation, and Human Interaction* (Cambridge: Harvard University Press, 2006).

3. The shimmering defence strategy is described in Kastberger, G., Schmelzer, E., and Kranner, I., 'Social Waves in Giant Honeybees Repel Hornets', *PLoS ONE*, 3 (9): e3141. doi:10.1371/journal.pone.0003141 (2008).

4. Siegert, F., and Weijer, C.J., 'Three-dimensional scroll waves organize Dictyostelium slugs', *Proc Natl Acad Sci USA*, 89 (14): 6433-6437 (15 July 1992).

5. Farkas, I., Helbing, D., and Vicsek, T., 'Mexican Waves in an Excitable Medium', *Nature*, 419: 487-90 (12 September 2002).

6. Farkas, I., and Vicsek, T., 'Initiating a Mexican Wave: An Instantaneous Collective Decision with Both Short-and Long-Range Interactions', *Physica A*, 369: 830-40 (2006).

7. Farkas, I., and Vicsek, T., 'Initiating a Mexican Wave: An Instantaneous Collective Decision with Both Short-and Long-Range Interactions', *Physica A*, 369: 830-40 (2006).

8. Barklow, W., 'Hippo talk', *Natural History*, 5/95: 54 (1995).

9. Heppner, F. H., and Haffner, J., 'Communication in Bird Flocks: An Electromagnetic Model', in *Biological and Clinical Effects of Low-Frequency Magnetic and Electric Fields*, J.G. Llaurado, A. Sances, Jr and J.H. Battocletti, eds (Springfield: Charles C. Thomas, 1974).

10. Selous, E., *Thought-transferrence (or what?) in Birds* (London: Constable, 1931).

11. Potts, W.K., 'The Chorus-Line Hypothesis of Manoeuvre Coordination in Avian Flocks', *Nature*, 309 (24 May 1984).

12. www.GoHuskies.com

13. http://www.gohuskies.com/trads/020498aad.html

14. www.krazygeorge.com

15. 'Making Waves Over the Cheer', *Dallas Morning Herald*, 15 November 1984.

16. http://www.gameops.com/interview/krazy-george/p=2

17. Dawkins, R., *The Selfish Gene* (Oxford: Oxford University Press, 1989).

18. Nicholls, H., 'Pandemic Influenza: The Inside Story', *PLoS Biol.*, 4 (2): e50 (February 2006).

19. Benedictow, O.J., *The Black Death 1346-1353: The Complete History* (Woodbridge: The Boydell Press, 2004).

20. The latest figures can be found at http://ecdc.europa.eu/en/healthtopics/ H1N1

21. Cage, S., 'Flu drug Tamiflu boosts Roche sales in Q3', Reuters News Agency, 15 October 2009.

22. 'CDC Estimates of 2009 H1N1 Influenza Cases, Hospitalizations and Deaths in the United States, April–December 12, 2009', Centers for Disease Control and Prevention, 15 January 2010: www.cdc.gov/h1n1flu/ estimates_2009_h1n1.htm

第七波
起起落落的波

海上最大的浪是什麼浪？9月某天晚上，我跟朋友一起喝一杯的時候，他拿這個問題當成酒館謎題問我。一瞬間，我覺得我們兩個好像在參加競賽節目，主持人在吧台唸出題目，我們跟其他桌對抗。我想到這個景象的原因不是我喜歡酒館謎題。事實上我很討厭這類問題，因為我每次玩都輸。碰到這種狀況時，我比較喜歡組隊，因為這類問題最棒了，大多數人都覺得自己知道答案，但其實答案都不正確。

吧台旁邊那桌沒得分，他們猜最大的浪是颶風或其他劇烈天氣系統通過之後，拍打海岸的巨大碎浪：

壁爐旁邊得意洋洋的常客一邊小聲說著，一邊寫下幾百年來船員經常提到的瘋狗浪。這種浪在強烈海上風暴中突然

又錯了

1954 年，卡蘿颶風帶來的大浪侵襲美國康乃迪克州舊萊姆鎮，造成重大災害。

出現，形成其他風暴浪完全無法比擬的巨大水牆*，不過他們也零分。

---

* 衛星影像和鑽油平台波浪觀測結果已經證實這類超級巨浪確實存在。科學家現在認為，這類巨浪可能與歸類為「原因不明」的大型船舶海難有關。的確，1981～2000 年間發生在公海上的 200 多起超大船舶失蹤事件中，有許多船員提到一或多次瘋狗浪與船難事件有關（請參閱 Rosenthal, W., and Lehner, S., 'Rogue Waves: Results of the MaxWave Project', J. Offshore Mech. Arct. Eng., vol. 130, issue 2, 2008）。

1940 年左右，在法國比斯開灣外風浪很大的海上，瘋狗浪出現在一艘商船後方。

連默默坐著、面無表情的萬事通那桌也一樣講錯。他們說的海嘯不是最大的浪，比如 2004 年 12 月 26 日被地震引發，在印度洋沿岸造成 23 萬人喪生的海嘯。

還是錯

2004 年侵襲泰國奧南的印度洋大海嘯。

其他人都笑不出來了。

正確答案（我跟我朋友應該可以靠它贏到一大筆獎金）是比前面這些大上許多的浪。

其實是這個（見上圖）。

它看起來或許不像浪，而且也不是非常高，從波峰到波谷只有幾十公分左右，但如果看另一個尺寸，也就是波峰與波峰間的距離，往往能達到數百公里，這種浪就是潮汐浪（tide wave）。

不要把潮*汐*浪跟潮浪（tidal wave）搞混了。潮浪有時是指海嘯。事實上，海嘯跟潮汐完全無關，而是源自突發事件，例如海床在地震時劇烈移動，導致水平面大幅擾動，橫越海洋到達其他地方。從此以後，本書將會禁用這個不恰當又容易造成混

「潮浪」
已經禁用

淆的名詞。更重要的是媒體報導 2004 年 12 月的可怕事件時普遍採用「海嘯」這個詞，已經將潮浪這個詞完全排除在常用詞之外。

潮汐浪生成的原因是太陽和月球的重力牽引。這兩個天體的影響會使地球上距離它們最近和最遠兩端的海面漲高。這類高漲看起來或許不像波浪，但別忘了，由於地球自轉，漲高的海水為了對正太陽和月球，會在海面上移動。

讀者們或許會認為這種海水聚集現象類似鐵屑被磁鐵吸引形成的運動。平鋪在紙上的一層鐵屑跟分布在球體上的一大片水沒什麼相似之處，但如果把磁鐵吊在鐵屑上方 2～3 公分，鐵屑聚集拱起的樣子就很像漲高的潮水。推移磁鐵下方的紙張時，拱起的鐵屑會在鐵屑層上遊走，同樣地，地球自轉時，潮水也會在海面上移動。儘管如此，太陽和月球重力使水移動的機制遠比磁鐵對鐵屑的效應複雜得多，海洋對這些作用力的反應也是。鐵屑與磁鐵的概念顯然極度簡化了。

不過潮汐當然是波，它的波峰和波谷就是海岸水面的定時漲落。此外就波峰到波峰的距離而言，海面上其他的浪都比不上。

什麼？優勝者可以免費點一杯酒？我來一杯黑啤酒吧，謝謝。

但是說潮汐是波浪真的對嗎？因為風而形成的「正常」海浪是波浪而不是水流，因為它們在水中行進，但水本身大致停留在原地。另一方面，潮汐則是水流，對吧？

只要在英國蘭開夏的摩康灣看過漲潮，對這點應該都不會有疑

間。這裡的沙地有時被稱為英國的「撒哈拉濕地」，面積廣達 310 平方公里。漲潮的時候，潮水以每小時 16 公里的速度從一整片海溝、入水口和沙洲衝進海灣。如果沒有經驗豐富的嚮導和清楚的潮汐表，這個區域極為危險。此外，湧入的海水填滿先前潮水在沙子下方挖出看不到的洞穴（melgrave），形成流沙，使得這裡更加危險。

2004 年 2 月，潮水湧入的危險終於釀成慘劇。21 名中國非法移工在摩康灣採收鳥蛤時溺斃。外海形成風暴，傍晚潮水湧入速度太快，他們來不及回到岸上，因此被困在下沉的沙地。當地的鳥蛤採收人當時曾經指著他們的手錶，警告他們不要橫越沙地。

變化莫測的沙子

但這群移工不懂英語，而且彼此競爭的鳥蛤採收人間通常互不信任，因此他們沒有理會警告。他們被困住時，其中一名工人用手機求援，但總機聽不懂他們的地點，她曾經試著回撥，但只聽見電話裡喊：「水在下沉」，接著「只聽到風聲、水聲和外國人哭喊的聲音」[1]。後來經過調查得知，工頭告訴這群工人的漲潮時間是錯的。

但水的潮汐運動完全比不上大潮（spring tide）*通過狹窄水道時那麼激烈又富戲劇性。大潮是滿月或新月時的潮水，此時乾潮與滿潮間的潮差（tidal range）最大。赫布里底群島就是這樣，在這裡，湧入的潮水流過侏羅島和斯卡巴島間的科立夫

變化莫測的水域

＊ 這裡英文的 spring 指的是動詞的「躍動」，而不是「春季」。大潮代表潮差最大，一年四季都會出現。

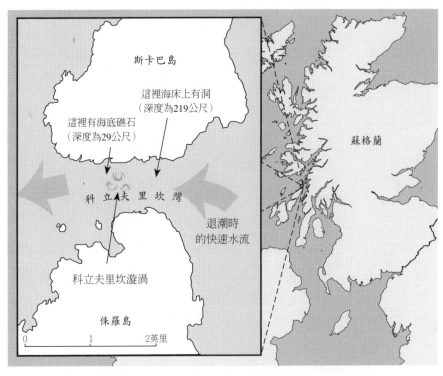

科立夫里坎漩渦的成因是潮水快速流過深淺不一的海床。

里坎灣，受到擠壓。大潮時，通過這個水道的水流速度可達到 8.5
節（時速約 16 公里）。水流與深淺不一的海床交互作用，形成強
勁的漩渦、駐波和竄高的水流。水流在這裡流過深達 219 公尺的洞
穴，接著又流過深度僅 29 公尺的礁岩，形成變化莫測的漩渦，就
稱為科立夫里坎（Corryvreckan）漩渦。這個名稱源自蓋爾語的
coirebhreacain，意思是「翻騰洶湧的海面」。

在英國導演麥可・鮑威爾 1945 年的電影中，科立夫里坎是全

歌川廣重的作品《阿波　鳴門之風波》描繪
潮水快速流過鳴門海峽造成的漩渦。

片的高潮。片中女主角正要前往赫布里底群島中虛構的吉洛蘭島和
富有的實業家結婚，但被困在途中的馬爾島上，和同樣要回吉洛蘭
島的英俊海軍軍官墜入情網。女主角在剛萌芽的新戀情和嫁給有錢
人的計畫間掙扎，但她仍然堅持不顧惡劣的海象和暴風雨，繼續踏
上旅程。不用說，海軍軍官也堅持要陪她一起前往。後來引擎在強
風中淹水損壞，他們又被捲進科立夫里坎的漩渦，海軍軍官成了英

雄。這部經典電影的片名是《我行我路》，在奔騰湍急的大潮潮水中通過海峽時，這應該是我們最希望聽到船長講的一句話了。

　　世界各地許多狹窄的水道有這類潮汐流快速通過。舉例來說，日本的鳴門漩渦就是潮水湧進淡路島和四國之間，快速通過連接太平洋和瀨戶內海的海峽所形成的。然而，這類洶湧的急流在挪威似乎特別多。洛弗坦漩渦位於挪威北方外海的北極圈內，在洛弗坦岬和韋島之間，水流相當湍急，速度可達 10 ～ 11 節（每小時 19.3 公里）。儒勒・凡爾納的《海底兩萬哩》中驚人的漩渦就是取材自這個地區。但全世界速度最快的潮汐流應該是挪威博德東南方薩爾特流橋下方形成漩渦的潮汐流，速度高達 22 節（每小時約 40 公里）。

　　潮汐流和一般海流的區別在於，海流的形成原因是熱水上升冷水下降，同時受地球上最穩定的氣流型態帶動，而潮汐流則天天來回變化。大西洋沿岸等大多數海岸，潮汐的型態是半日潮（semidiurnal tide），也就是每天漲落兩次。其他海岸，例如墨西哥灣和南中國海沿岸，漲落只有一次，稱為全日潮（diurnal tide）＊。

＊ 在某些地區，例如北美地區的太平洋沿
　岸，潮汐是「混合型」。滿潮一天有兩
　次（和半日潮相同），但兩次的水位差
　距很大，一次是高滿潮、另一次是低滿
　潮。世界各地潮汐頻率的差異有一部分
　源自海岸的緯度，如插圖說明。我相信
　這個圖應該對了解這個概念很有幫助。

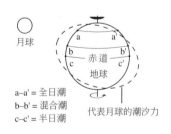

月球

a–a' = 全日潮
b–b' = 混合潮
c–c' = 半日潮

赤道
地球

代表月球的潮汐力

潮汐流雖然定時改變方向，但依然是水流，那潮汐怎麼可能也是波浪呢？因為潮汐浪相當寬闊平淺，所以我們在海上大多不會注意到潮汐浪經過，必須等到潮汐浪跟陸地交互作用後，我們才會注意到。但如果在坡度平緩的海岸比較潮汐浪和風造成的一般海浪，就會覺得兩者看起來很相似。

我們知道一般海浪接近海岸時會改變，從深水波變成淺水波。水深減少到波長的 1/20 時，波浪無法像在海上一樣沿圓形路徑移動，而會隨海床升高而愈來愈扁平，最後只剩下前後移動，也就是常見的海浪沖刷海邊。

另一方面，潮汐則永遠是淺水波。即使是最深的海洋中最深的區域，深度超過 11 公里，也遠遠小於潮汐浪波長的 1/20，因為潮汐浪的波峰與波峰往往距離數百公里以上。我們覺得潮汐浪進退像水流，其實是因為規模的緣故。比較一下我們看著潮水接近以及寄居蟹在岸邊淺水區看著一般海浪前後沖刷沙子。在寄居蟹看來，淺水波接近就只是海水前後沖刷沙子，我們看淺水潮汐浪接近時，感覺也是一樣。潮汐浪和海浪的差別不只是規模，還有波峰的間隔時間以及到達的規則程度。在海面自由來去、隨意結合的海浪可能有各種不同的型態，被天體的規則運動「帶動」的潮汐浪則容易預測得多。

大多數人都很熟悉海洋的潮汐，但很少人注意到，地球本身也有這種重力造成的波動。這種地潮（earth tide）源自略具彈性的地殼岩石同樣受太陽和月球重力牽引而變形。大潮時，地球的潮汐隆起（tidal bulge）可使地平面升高達半公尺。地潮和海潮同樣隨地

球自轉在地球表面移動，正對重力牽引來源。因為地殼不是液態，所以不會有海潮造成的水流。地潮相當細微，很難測量，但又確實有影響，因此瑞士日內瓦歐洲核子研究組織的物理學家必須調整校正值，以便修正龐大的環形粒子加速器因此產生的變形。

另一個極端則是海潮進入河口後受到壓擠，前端變得尖陡，稱為潮湧。潮湧和一般海浪不同的是它不會消失在岸邊，而是沿蜿蜒的河道逆流而上，通常可達好幾公里。潮湧有時是一連串平緩的起伏，前端可能是帶著氣泡的白水線，甚至是捲成管狀、快速前進的碎浪。

依據紀錄，世界各地至少有 67 條河流看得到潮湧 [2]。英國有 13 條河流有潮湧，但其中有幾條河的潮湧規模小又不壯觀，實在稱不上潮湧。英國最壯觀的潮湧位於塞汶河下游。塞汶河口的潮差（滿潮和乾潮的水位差）往往多達 14 公尺*，最接近春分或秋分的滿月與新月時，大潮帶來的潮湧往往超過 2.5 公尺。

潮湧在漲潮潮水的前方行進，所以讀者們可能會認為塞汶河潮湧應該很適合衝浪。潮湧持續的時間確實比捲向海灘的一般海浪長得多。至少對於膽子夠大，想嘗試在潮湧上衝浪的人而言，這應該是他們的願望。

約翰‧邱吉爾在第二次世界大戰時率領突擊隊立下戰功，被稱為「瘋狂傑克」。此外他也是優秀的射箭選手，曾經代表英國參加

----

* 這裡的潮差是全世界第二大，僅次於加拿大大西洋沿岸的芬迪灣。芬迪灣位於新布朗斯維克和新斯科細亞之間，潮差高達 15 公尺。

最前面的就是瘋子傑克，手裡拿著可靠的蘇格蘭寬刀，1940 年代跟同袍一起參加演習。

1929 年世界杯錦標賽。他打仗時經常帶著弓箭，用來攻擊敵人。他雖然是英格蘭人，卻很迷蘇格蘭的風笛，還曾經在部隊進攻挪威沃格島時，在登陸艇船頭吹奏《卡麥隆進行曲》。為了跟這首蘇格蘭歌曲搭配，他會帶領部下一邊大吼一邊衝向岸邊，手上高高舉著寬刀。他曾經表示，沒有寬柄劍「就算服儀不整」。

即使在和平時期，邱吉爾也喜歡讓人大吃一驚。舉例來說，他經常打開電車車窗，把公事包丟向黑暗，嚇壞許多倫敦通勤旅客。（但他們不知道，這個老壞蛋已經精確估算過時間，他的公事包會落在他的花園裡，這樣他就不用從車站提著公事包回家。）

大戰結束後，邱吉爾在澳洲南部海岸一處 RAAF 基地任教，

在這裡開始愛上衝浪。1954 年秋天，他回到英國，拜訪塞汶河委員會的工務段工程師法蘭克・羅伯森。邱吉爾要羅伯森發誓保密之後，透露他決定在塞汶潮湧衝浪，需要一些意見。羅伯森非常樂意幫忙，說明了塞汶潮湧的特性和時間。因此，1955 年 7 月 21 日上午 10 點 30 分，這位 48 歲的冒險家從史東班區河岸出發，跟迎面而來的潮湧會合，並且在浪頭到達時站上衝浪板[3]。

這趟行程不算很長。邱吉爾只在潮湧前方停留了幾分鐘，朝上游前進不到一公里就下了浪頭，這裡有一片岩礁占據大部分河床。深度變化使潮湧崩塌破碎，途中有好幾個地方也是如此。此外，意料之外的亂流也使邱吉爾站不穩腳步。他原本希望站在潮湧上前進一大段路，因此在岸上努力許久之後，他決定第二年再來。

雖然瘋子傑克後來沒有再嘗試，但他起了個頭。在他之後，現代潮湧衝浪客知道該如何改良站在洶湧潮水前的技巧。事實上，連續衝浪距離最長的世界紀錄保持者就是在塞汶潮湧衝浪多年的當地人。

我六個月大時右耳就聽不見了。這從來沒有給我帶來很多問題，只是在晚宴上沒辦法跟坐在我右邊的人講悄悄話而已。然而，一邊耳聾卻讓我無法判定聲音來自哪個方向。所以如果我在外面散步時聽到鳥叫，我沒辦法判定這個聲音來自哪裡。當我找不到手機，必須撥電話讓它發出聲音時，就會在房間裡四處亂走，想弄清楚鈴聲是變大還是變小，用來判定手機距離我多遠。

但我終於發現一邊耳聾有個優點。它讓我能夠理解潮汐某個令人費解的性質：潮汐受月球的影響竟然大於太陽。這點令人費解的原因是月球對地球的重力牽引比太陽弱得多。科學家已經計算出兩者的差距是 178 倍*，但是月球位置對潮汐的影響占 68%、太陽只占 32%。可是這樣有點奇怪，較弱的重力牽引為什麼對潮汐影響較大？我打算用我缺乏的能力來解釋這一點：指向性聽力。

一邊耳聾也有
優點

我們（應該不算我）如果要判斷聲音來自何處，例如不知道放哪裡的手機時，有個方法是在潛意識中比較兩耳聽到的聲音強度。兩耳聽到的音量差異有助斷定手機的角度、它在我們面對方向的左邊或右邊多遠。如果沒有差異，我們就知道聲音來自正前方或正後方。如果差異很大，我們就知道它在左邊或右邊遠處，依哪一邊聲音比較大而定。

我們都知道，要聽出附近的聲音來自何方比遠處的聲音容易得多，但有多少人知道為什麼？原因是聲音來源（例如正在響的手機）比較近時，兩耳聽到的音量差異會比在遠處時明顯。鈴聲的整體音量不重要（只要聽得清楚就好），兩耳聽到的音量**差異**才重要。此外，鄰近手機即使音量調小，傳到兩耳的

我把會發光的
手機放到哪去
了？

＊ 太陽與地球間的平均距離大約是月球與地球的 390 倍，但太陽的質量是月球的 2,700 萬倍。拜牛頓爵士之賜，現在我們知道天體對每單位質量的重力與天體質量除以兩者間距離的平方成正比。所以太陽對地球的重力與月球對地球的重力的比例是 2700 萬 / (390)^2，等於 178 左右。

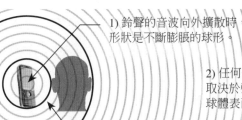

1) 鈴聲的音波向外擴散時，
形狀是不斷膨脹的球形。

2) 任何一處的鈴聲音量
取決於聲音分佈的
球體表面積。

3) 手機距離很近時，
兩耳球體的表面積差異較大，
所以音量差異也大，
因此比較容易斷定手機的方向。

4) 手機距離很遠時，
兩耳球體的表面積差異小得多，
所以音量差異也小。
因此比較難斷定手機的方向。

要在手機鈴響時找到手機，必須聽出兩耳音量的細微差異。如果像我這樣的話，就得請其他人幫忙找了。

聲音強度差異仍然大於音量調到最大的遠處手機。換句話說，近處聲音的兩耳差異比遠處聲音明顯，即使遠處的聲音比較大也一樣。

較近的手機比較容易判斷方向，原因是聲音擴散時呈球形。如果我們看得到音波，音波的氣壓變化看來會有點像膨脹的氣球，從手機開始快速膨脹，但不會爆炸。氣球膨脹時，染料分布面積愈來愈大，因此色彩強度逐漸降低，同樣地，聲音強度也會隨球體愈來愈大而降低。

我們在潛意識中計算聲音方向的關鍵因素是這個：鈴聲到達離手機較近的耳朵後，繼續行進到離手機較遠的耳朵時，鈴聲強度變化了多少。強度變化是幾何問題，取決於到達兩耳的音波的「球體」表面積的差異。手機距離很近時，兩個球體都很小，從一耳到另一耳這十幾公分的直徑差距造成的表面積差異很大。電話在房間

另一頭時，這十幾公分的直徑差距造成的表面積差異就小得多。

現在我們已經找到手機了。可能會有人好奇我到底要不要解釋月球對潮汐漲落的影響為什麼比太陽大。

月球的重力場是固定的，手機發出的音波則是持續膨脹的球形，我們也認為月球的重力場是隨距離增加而愈來愈大的球形。因此，月球重力場強度降低的比例和音波強度相同。儘管這兩者的距離差別很大，但強度改變原因都是因為分布的球體愈來愈大。

別忘了近距離鈴聲的兩耳音量**差異**比遠距離鈴聲明顯，即使把近距離手機的音量降低，使整體音量**小於**遠距離手機，結果還是一樣，重力也是如此。距離較近的月球對較近端海洋與較遠端海洋的牽引力**差異**比距離較遠的太陽更加明顯，即使太陽的整體重力牽引比較強，還是如此。它或許比較強，但影響力比較分散。牽引力**變化**是海洋潮汐的形成原因。無論強度多大，假如全球各處的重力牽引都相同，就不會有潮汐了。

我知道我們已經談完我的聽力問題，但奇怪的是我很想談談這個東西（見下頁圖）。

為什麼？不是因為我覺得耳筒看起來很帥，而是因為耳筒的漏斗可以清楚說明河口如何使漲潮形成潮湧。

河口附近的海岸線呈 V 字形，使得潮水愈深入內陸，空間變得愈小，此時形成的潮湧最壯觀。海床和河床也必須逐漸升高，使潮水隨行進距離而愈來愈淺，進一步限縮水流。最後重要的是，這

有人看到我的手機嗎？

個區域的潮差必須相當大。

　　難怪塞汶河的潮湧非常好看。流入塞汶河口的布里斯托灣像個巨大的漏斗，愛爾蘭南部海岸線進一步加強限縮效果。進入河道之後，漏斗效果依然持續。在亞芬茅斯附近，布里斯托灣的寬度大約是 8 公里，上溯 24 公里到夏普尼斯時，寬度縮小到不到 2 公里。再上溯 32 公里，河道縮到最小，只有 50 公尺左右。

河口耳筒

水深也有限縮效果，從愛爾蘭以南的 100 公尺左右一路減少，到塞汶河口附近只剩下 3 ～ 4 公尺（乾潮時）。

再回到這個比喻。如同耳筒能把傳入的音波導引到愈來愈窄的耳道，使能量集中，加大管內音量一樣，塞汶河口也能導引滔滔的潮汐浪。兩者唯一的不同是聲音是一連串細微起伏的壓力波，潮湧則是水位從低到高的單一過程。

其實還有其他不同點。塞汶河的末端有梅斯莫爾壩負責阻擋潮汐浪，耳筒則有我這樣的人負責接收音波。

塞汶潮湧往上游行進時，時速介於 13 ～ 21 公里，依水深和水道寬度加快或減慢。

我去看潮湧前一天晚上，在塞汶河弗蘭普頓貝爾酒店的酒吧裡，有個老頭子告訴我：「如果看到潮水湧來而且相當高，千萬不要猶豫，趕快退後。潮水會潑濕你全身，甚至把你捲走。如果潮水只比河岸高一點，那就不要浪費時間，趕快離開。」

預報說第二天的潮水應該會相當大。當時是秋分後的新月，代表潮差是一年中最大的幾天。

標準程序相當簡單明瞭。我們站在河邊觀看潮湧，但如果夠聰明，可以開車在蜿蜒的塞汶河上幾個有利地點之間跳來跳去。上午 8 點 15 分，我到達河道繞過阿靈漢姆的點，那裡已經聚集了大約 50 個觀浪者，每個都帶著小凳子和保溫瓶。我們看到全身上下穿著防寒衣的衝浪客，舉步維艱地在露出的灘地上走著。他們腋下夾

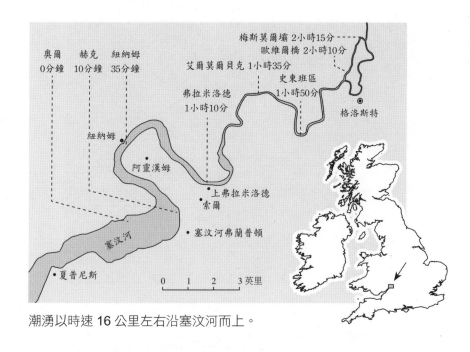

潮湧以時速 16 公里左右沿塞汶河而上。

著衝浪板，在狹窄的中央河道站上板子。

　　刺骨的冷風穿透大衣，吹得我發抖。但衝浪客划到定位的景象
突然讓我覺得十分溫暖舒適。他們從一邊滑到另一邊，尋找站上潮
湧浪頭的最佳位置，眼光不時看著下游，因為潮水隨時可能從下游
湧來。觀浪客緊握裝著茶的保溫瓶，眼睛都緊盯著河道彎曲處。

　　潮湧還沒來到眼前，聲音就先到了。它發出冒著氣泡的嘶嘶
聲，類似一般海浪在岸上破碎的聲音，但特別的是它是**持續**破碎，
不像海浪是有節奏的漲落。

　　潮前彎過河灣時看來像一道白水。它沒有橫跨整個河道，中央
部分比較低矮平緩，兩邊高起的程度只足以衝進淺水區。潮前本身

衝浪過程大約是 12 分半。

時間抓得恰到好處，老哥。

後方較高、水流較亂的漲潮水平面上，是一連串平緩的波浪（後來我知道這種跟隨在後的波浪有個可愛的名稱叫「尾隨浪」）。

潮湧快追上這些衝浪客時，他們轉過身來面對上游，趴在衝浪板上，開始全力向前划。有些人幾秒鐘就結束，原因是加速不夠快，抓不到浪，或是所在位置的潮前太平緩或太洶湧。但比較成功的已經走遠了：他們已經站上衝浪板，乘著潮水，後面跟著一群尾隨浪，順著河灣，朝上弗拉米洛德前進。

當天有一位衝浪客是史帝夫·金。史帝夫是當地人，住在附近的索爾村，曾經是連續衝浪最久的世界紀錄保持者，這項紀錄就是在塞汶河潮湧上創下的。我很想聽專家談談關於潮湧衝浪的細節，所以我四處打聽，總算在當天下午見到他。我們在一棟農場棚子外面碰面，棚子裡放著他工作時使用的小船。他是海洋工程師，負責調查和測繪河床和海床，「就像路上那些用經緯儀測繪地圖的人員一樣，不過我們是在水底工作」。史帝夫為我介紹他的天藍色福斯古董露營車，這輛露營車整理得非常漂亮，還加裝了衝浪板車頂架。他不好意思地說：「我知道這輛車有點老套。」

其實我不大確定。加州海灘確實是這樣沒錯，停車場裡幾乎都是客貨車。同樣地，在康瓦爾北部的熱門衝浪地點也是這樣。但在鄉村小鎮格洛斯特夏的中心，位於河流中游的農場裡，他的衝浪車顯得十分特別，而且完全符合河上衝浪運動的風格。他承認：「看著河對岸的牛正在吃草，在我們經過時盯著我們看，是很奇怪的經

驗。我到現在還是覺得，美麗的英格蘭鄉間有可衝浪的地方是件很奇特的事。」

史帝夫 17 歲時第一次在潮湧上衝浪，已經衝了 26 年。他說：「我很少錯過潮水，幾乎每次都會上去衝浪。」（他的意思當然是**比較高**的潮水。塞汶河上的潮水每三天會有一天很低，但只有最高的幾次潮水適合衝浪。）

我很好奇站在浪頭不掉下來的祕訣是什麼。他說：「嗯，有一點是順著河彎行進時儘量靠內側。」潮汐流湧向上游、河水流向下游時造成的效果是彎外側河岸的沉積物被挖去，因此水深會大於彎內側。史帝夫儘量留在彎內側的理由是較淺的水可拉高潮汐浪，使斜度更大。為了拉長距離，衝浪客必須在蜿蜒的河道上從一邊滑到另一邊。史帝夫說：「我們必須研究潮水，吸收當地的知識，才知道應該在哪裡衝浪，因為沙子隨時都在變化。」

順著河彎行進

當天早上的潮水跟前幾天比起來如何？他說：「今天狀況還不錯，很適合衝浪。但去年非常好，其實我打破了衝浪距離的世界紀錄，達到 12 公里，花了一小時多一點。」雖然他曾經在 1996 年以接近 9 公里創下紀錄，但新紀錄沒有 GPS 資料佐證，所以金氏世界紀錄沒有正式承認。

長距離衝浪的正式世界紀錄保持人是巴西的塞吉歐‧勞斯。2009 年 6 月 8 日，勞斯在巴西北部亞馬遜雨林中的阿拉圭里河乘著流向上游的潮湧滑行 36 分鐘，總長 11.68 公里。不過如果計入非正式紀錄，勞斯的成績更加驚人，他曾在同一年 2 月滑行將近 16.5 公里。

除了高超的技巧，勞斯創下滑行紀錄距離還有個原因，就是阿拉圭里河潮湧的威力和規模都超乎尋常。當地印第安原住民稱它為波羅羅卡（*pororoca*），意思大概接近「吵得要命的聲音」。

　　塞汶河潮湧的高度是 2.8 公尺，在全球排行榜中名列第五[4]。這個名次還不錯，但排名還有可能再往前進，因為它的河口潮差是 14 公尺，在全世界排名第二。不過我們必須記住，潮差只是決定潮湧排名高低的三個因素之一，河口海岸線和河道收窄程度，以及水深朝河口以及沿河道縮減的程度也有關係。

　　河流的排名也不是永遠不變的。如果河道形狀改變，潮湧可能會完全消失。塞納河的潮湧曾經是全世界第二高，但因為高得離譜而不得不整治。據說塞納河潮湧曾經高達 7.3 公尺，造成無數船隻損壞和多人死亡，因此法國在 1960 年代執行疏浚計畫，挖平河床，使整條河的水深一致。現在塞納河的潮汐浪（*la barre*）已經不再拉高，甚至可說完全消失。塞納河排名中落之後，第二名被阿拉圭里河的波羅羅卡取而代之，最大高度為 6 公尺。

　　所以，巴西取得銀牌，那金牌是誰？是中國的錢塘江。這裡的潮湧被稱為銀龍，有時也稱為黑龍，高度可達 8.9 公尺。巴西和中國河流的潮湧遙遙領先其他河流。澳洲昆士蘭大學的專家赫伯特・強森教授說：「它們的規模遠遠超過世界上其他地方的所有潮湧。」強森教授很樂意自稱為潮湧宅男。

　　但頒發獎牌的時候有些爭議：波羅羅卡的高度雖然遜於銀龍，

　　　　　　　　　　　　　世界潮湧
　　　　　　　　　　　　　排行榜

第七波　269

看看這些可愛的尾隨浪。這是巴西北部阿拉圭里河的波羅羅卡潮湧，勞斯就是在這個潮湧上打破長距離衝浪的世界紀錄。

而且在阿拉圭里河上行進的速度比較慢（每小時約 24 公里，錢塘江時速約為 40 公里），但根據專家表示，它是世界上威力最大的潮湧。強森表示：「波羅羅卡釋放的能量是錢塘江的兩倍。它的寬度大得多，行進距離也遠得多，持續時間超過 12 小時，而錢塘江潮湧則只持續 2 ～ 4 小時。」

　　無論銀龍的力量是不是最大，它都名副其實是最危險的潮湧。單單近 20 年，就有將近 100 名觀浪者在這裡喪生。錢塘江漲潮的水量或許沒有阿拉圭里河那麼多，但杭州灣的寬度從接近 96 公里

急遽縮減到小於 3 公里，形成一道混濁、狂暴、洶湧，凶惡得難以置信的水牆。

這裡觀浪的歷史十分悠久，幾千年來葬送在這裡的生命多得難以想像。至少從世界最早的潮汐表於西元 1056 年問世開始，遊客就聚集在這裡觀看銀龍。這份潮汐表特別為觀潮客製作，列出追逐潮水逆流而上的最佳日期和時間[5]。但早在此之前，這裡可能就是著名景點，對舒適座位的需求十分殷切，因此在河邊的鹽官鎮興建了觀潮亭[6]。此外，西元前 4 世紀的哲學家莊子也曾經描寫過令人驚嘆的潮水：

「潮」到命都沒了

浙河之水，濤山浪屋，雷擊霆砰，有吞天沃日之勢。[7]

吞天沃日的威脅或許有點空洞，但這裡的潮水對靠岸邊太近的觀潮客當然是確確實實的威脅。近代最嚴重的一次事故發生於 1993 年 10 月 3 日，共有 86 人被潮水捲走。後來當地政府為中國國際錢江觀潮節劃定觀潮區。這個節慶舉行於每年九月（注：農曆八月十五日），因為這個時節潮水最高。

但意外依然經常發生。原因不是遊客不小心被捲走，11 世紀的蘇東坡就曾經把錢塘潮比做「萬人鼓譟儡吳儂，猶似浮江老阿童」[8]，而是遊客不了解潮水通過時可能展現的強大威力。如果遊客所在河岸周圍的河水很淺，潮水往往會突然越過河堤、淹沒步道，讓人猝不及防。銀龍的心情往往會在一瞬間改變。

蘇東坡又寫道：「夜潮留向月中看」[9]，但現在已經沒機會了。

2007 年 8 月 2 日再次發生事故，34 名遊客被捲入黑暗之後，夜間觀潮也遭到禁止。顯然當銀龍想吞吃觀潮客時就會張口咬下，不分白天或晚上。

c

　　既然整個地球感受到的重力牽引都來自同一個太陽和月球，潮差為什麼會有這麼大的差別？位於太平洋中央的大溪地潮差不到 30 公分，而在東邊 6,000 公里，位於澳洲海岸的布里斯本為什麼是 1.7 公尺？為什麼塞汶河口的潮差最大可達 14 公尺，而在海岸線上距離不到 160 公里的紐基只有一半？答案一點也不簡單明瞭，而且綜合了全球和地區因素。

　　潮汐浪不像我們所想的是從海洋的一邊移動到另一邊、從東到西再回到東，因為地球是由西向東轉。事實上，潮汐浪的高水位是環繞海洋邊緣行進。要了解這是什麼意思，可以做個簡單的實驗。拿一個平底鍋，放進大約 3 公分深的水，把平底鍋放在流理台上，左右輕輕滑動，製造波浪。波浪在平底鍋的一邊生成，接著在另一邊生成。潮汐浪在海洋中的行進方式**不是**這樣的。要讓平底鍋波浪的行進方式比較接近潮汐浪，需要加上一點旋轉：用畫圓的方式滑動平底鍋，使波浪**沿圓周**行進，這樣就比較像了。潮汐浪通常環繞海盆行進，因此滿潮（也就是潮汐浪的波峰）會繞行各個港口。

　　有些海洋學家稱之為無潮點（amphidrome）的水域位於一群環繞行進的潮汐浪中央。這裡就像平底鍋中央一樣，水位幾乎沒有升

海盆和平底鍋

272

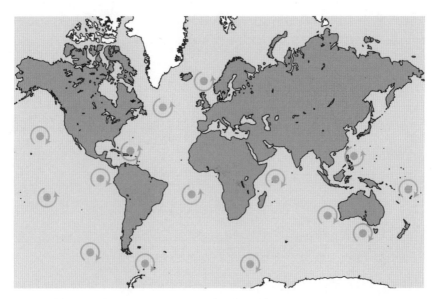

以為潮汐只是來來去去嗎？不對，潮汐浪是繞著無潮點行進，這張圖標示出地球上的主要無潮點。

降。島嶼如果位於太平洋裡的大溪地島等無潮點附近，潮汐就會小到可以忽略。

　　不過事情當然不會那麼簡單。海床不像不沾鍋那麼平坦光滑，還加上一層鐵弗龍。事實上，海床和海岸線是不規則的，因此潮汐浪旋轉複雜得多。水會在海盆中環繞不同的區域行進。

　　不過是什麼因素使潮汐浪旋轉？是地球的自轉。水在自轉的地球表面大規模移動時，通常會朝左右偏轉＊，這稱為科氏力。這正

＊ 它其實沒有改變方向，但從同樣位於旋轉的地球上的人（例如我們）**看來**像是改變了。

可用來解釋衛星影像上常見的風暴系統旋轉方向。科氏力說明北半球的水移動時為何向右偏轉，而南半球的水向左偏轉，所以赤道以北海洋中的潮汐浪通常朝順時針方向旋轉，赤道以南的潮汐浪則逆時針旋轉。

所以，潮汐浪的旋轉特性可以解釋全球各地的潮差為何不同（依據海岸與海洋中無潮點的接近程度而定），但潮差又為什麼會有局部差異？原因是海岸線不像平底鍋，既不平坦也不光滑。我們已經知道，海灣和河口的漏斗效應可使湧入的潮水升高，因此潮差變得比海岸線上鄰近區域更大。

另一個使海岸線上某個區域的潮差特別大的因素是潮共振。這種狀況是潮汐浪的反射波和後來到達的潮汐浪疊加，使潮差變得比原本更大。潮汐浪碰到海岸後反射回來，就像浴缸裡的漣波碰到浴缸壁後反射回來一樣。如果海岸線周圍有大陸棚（大多數海盆就是如此），這類反射波就可能和後來的乾潮交互作用，形成潮共振系統。如果距離恰好適當，潮水和反射波在大陸棚邊緣會合，岸邊的潮差可能會領先全世界各地，加拿大的芬迪灣和英國塞汶河口的布里斯托灣就是如此。

老朋友共振再次現身

從布里斯托灣的灣頭到歐洲大陸棚結束、海床下切到幽暗深海的地方，距離大約是 640 公里。凱爾特海棚邊緣深度突然改變的距離正好是大西洋這一帶主潮波長的 1/4 左右。這代表這裡有駐波或盪漾，節點（水面升降幅度最小的地方）位於陸棚邊緣，反節點（水面升降幅度最大的地方）則在布里斯托灣的灣頭（參見下頁插圖）。

無論來自岸邊的反射波多小，水的運動都會形成共振。如同順

上圖：滿潮潮水由布里斯托灣灣頭反射回來，與下一次乾潮潮水在凱爾特海棚邊緣交會，有助於形成潮共振。

下圖：陸棚邊緣有個節點，河口附近有個反節點。

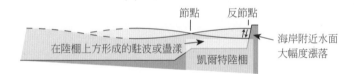

著自然擺動推送坐在鞦韆上的人一樣，反射永遠與後續的乾潮同步，在陸棚邊緣形成節點。共振放大海岸水面漲落幅度，比沒有大陸棚從岸邊向外延伸這段距離時更大。芬迪灣中更大的潮差也源自相同的原理。

　　相反地，有些海洋的潮汐相當微弱，原因是面積不夠大，因為封閉海面的面積愈小，潮汐就愈不明顯。別忘了，引發潮汐的重力取決於水體一端與另一端承受的拉力**差異**。海洋必須夠大，差異才夠明顯。所以波羅的海和地中海的潮汐非常小，幾乎注意不到。

西元前 4 世紀，亞歷山大大帝侵略印度時，發現潮汐帶來了一些困擾。這位傑出的君主只經歷過地中海的微弱潮汐，所以當他把一群輕型船隻停泊在貫穿現今巴基斯坦的印度河上時，完全沒有做好準備。依據希臘歷史學家阿里安的記載，退潮之後，船隻都擱淺在灘地上，困住亞歷山大的部隊。然而當天稍後，船隻乘著湧向上游的滔滔潮水重新浮在水面上時，真正的問題才出現：

擱淺在泥巴裡的船隻浮在水面上，沒有損壞，再度浮起時也沒有受到傷害。但高大緊密的波浪來到時，擱淺在乾地、沒有安放穩固的船隻不是互相碰撞，就是衝撞陸地，因而解體[10]。

聖經中完全沒有提到潮汐，原因同樣是缺乏跟潮汐有關的經驗。巴勒斯坦地區的海岸是地中海岸，希伯來人也不會航海。

地理因素使預測潮汐變得困難，各地的潮差隨時間變化則使預測更加複雜。主要的原因是太陽和月球的位置時時都在改變。潮差最大的大潮發生在滿月或新月時，這時太陽、月球和地球成一直線，所以太陽和月球對地球的牽引也成一直線；潮差最小的小潮則是太陽和月球的位置不成一直線，而是互成直角。它們如此排列時，日光照射在月球的側面，所以我們看到的是上下弦月。月球的潮汐牽引或許大於太陽，但最重要的是兩者綜合的結果，這個結果取決於它們的相對位置。

此外，潮差也受天氣影響。風暴系統中的低氣壓代表空氣施予

大潮和小潮

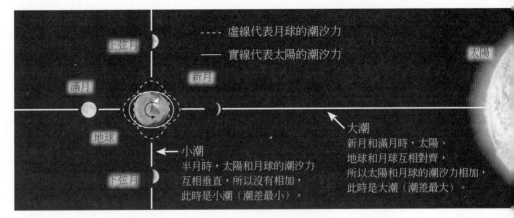

潮差隨地球、太陽和月球的排列而變。

水的壓力比其他地方來得小，所以水面會略微升高。這個效應加上吹向海岸的風暴風使水面升高，稱為風暴潮。在沿岸地區，大規模風暴潮如果正好碰上大潮，很可能導致海水倒灌。2005 年 8 月，卡崔娜颶風侵襲美國南部沿岸，帶來的風暴潮就在紐奧良及鄰近地區造成大規模洪水。風暴潮使水面上升高達 8.5 公尺，在某些地區加上大潮後超過 9 公尺。

　　除了天氣之外，潮汐變化的因素還包括地球與月球在陰曆月內的距離變化，以及地球和太陽在陽曆年內的距離變化。重力在這些因素影響下消長，當地球正好同時距離太陽和月球最近時達到最大*。

＊ 我想像的那些沮喪的酒館謎題粉絲知道一件事或許會好過一點：這
　 種狀況通常說成「月球的近地點」正好碰上「地球的近日點」。

難怪即使有現代化的電腦和水位計，要精確預測不同星期和不同海岸線的潮汐，實際上都是不可能的。不同的因素在極為複雜的海洋作用力方程式中互相加減，但結果相當簡單：水面永不止息地起起落落。

～

　　潮汐帶動的龐大水體運動顯然蘊含巨大的能量。現在我們正準備放棄化石燃料，設法取用這些能量似乎是不錯的點子。從來自風的海浪和來自重力的潮汐浪提取能量的技術已經問世，英國又擁有綿延的海岸線和相當大的潮差，所以特別適合運用這兩種資源。

　　2006 年，一份英國政府報告指出，海洋再生能源約可滿足英國當時 15% ～ 20% 的能源需求[11]。如果覺得這個說法難以置信，

潮汐發電是
未來趨勢？

1990 年代末，英國政府海洋前瞻委員會也曾經指出「只要能把不到 0.1% 的海洋再生能源轉換成電力，就可滿足目前全世界能源需求的五倍。」[12]

　　但潮汐發電其實不是新點子了。1999 年在愛爾蘭北部斯特蘭福特灣島嶼上的中世紀南德魯姆修道院遺跡附近，發現了一座潮汐磨坊。這個海灣是潮汐湖，潮差 3.5 公尺左右。漲潮時，修士可以讓水通過水閘流入，填滿水車貯水池。潮水退去後，再讓池水流下石造水道，沖擊水平槳輪，帶動上方建築物裡的石磨，磨製麵粉。以年輪學鑑定發掘遺跡時在石磨下方發現的橡木樑後，發現它出自砍伐於西元 787 年的樹[13]。如果這座磨坊如同考古學家所說，確實建造於這個年代，將是全世界已知最古老的潮汐磨坊。

潮汐磨坊雖然沒有風力或河流磨坊那麼普遍，但從證據看來，英格蘭和威爾斯至少曾有 220 座潮汐磨坊實際運作過[14]。現在仍存在的只有 7 座，可以運作的有 2 座。美國東岸據信曾有 300 座潮汐磨坊，法國的大西洋沿岸則可能有 100 座[15]。法國布列塔尼的宏斯河口開始動工建造全世界第一組商業化潮汐發電設施時，有兩座早期的「潮汐電廠」仍在運轉中。這組發電設施完工於 1967 年，每年可生產 5 億 4,000 萬度的淨電力，足以供應 25 萬戶使用。

宏斯潮汐發電廠由橫跨河口 750 公尺的潮堰構成。漲潮時，海水流向陸地，推動 24 具渦輪機。潮水退回海洋時，水閘關閉，把海水攔在其中。接著讓海水流回海洋，再次推動渦輪機。這座電廠還可用來當成儲能設施。電網中有剩餘電力時，可用這些電力把海水抽進河川流域，等需求較大時再轉換成電力。這套方式已經連續運轉 40 多年，沒有出過問題，也不產生二氧化碳，是非常環保的發電方式。

那麼，既然塞汶河口有這麼驚人的潮差，我們為什麼沒有在這裡建造潮堰發電呢？

1920 年，英國運輸部土木工程部門就發表了相關計畫，提議原因是「煤價高漲以及……開採煤礦的勞動狀況」[16]。這個構想受到許多媒體懷疑和敵視，進一步研究因此擱置。但 1927 年，英國政府把這個構想推進了一步，指派委員會，在河口尋找適合的地點。由於擔憂危及南威爾斯地區煤礦工人工作機會，因此這項計畫

再度延期。1945 年這項計畫再次被提出時，已經時不我予：潮堰生產的電力儘管比已有的燃煤發電廠便宜，但成本仍然高於最先進的新燃煤發電廠。1981 年，潮堰似乎也不可行。當時另一個政府委員會發現，潮汐發電雖然比燃煤發電便宜，但又比核能發電貴。

進入 21 世紀後，潮汐發電再被提起，贊成與反對雙方都把重點放在環境。英國向歐盟承諾在 2015 年前把再生能源發電的比例從 5% 提高到 15%。近年一項報告估計，如果在加地夫和威斯頓馬爾建造一道 15 公里長的潮堰，每年可生產的電力大約是 170 億度，相當於三座核能電廠[17]。這項計畫總共需要 216 具潮汐發電機，不僅目標遠大，花費也相當高昂，建造成本大約是 150 億英鎊。

讀者或許會覺得從環保觀點看來，這個選擇是理所當然的，但這個計畫嚇壞了許多保育和環保團體。舉例來說，英國皇家鳥類保護學會就極力反對，因為潮堰將會淹沒潮灘地，而每年冬天有 6 萬 9,000 隻候鳥和越冬鳥類在這些地方覓食[18]。這些地球之友也反對它龐大的外型，認為潮堰不僅會排擠其他再生能源科技的投資，還會製造巨大的電力供應暴漲，納入全國電網不僅困難，成本也非常高昂。[19]

綠色反對

有人則主張，塞汶河水富含沉積物，進出的潮汐水流經常改變，將導致河道嚴重淤積，使得原本就容易淹水的格洛斯特夏在大雨時更容易發生水災。他們還指出，宏斯河潮汐電廠上游沒有淤積現象，主要是當地河水所含的沉積物相當少。相反地，建造於 1968 年，橫跨加拿大新布藍茲維富含沉積物的佩提科迪亞克河的堤道，以及通往芬迪灣的堤道，都導致河流大規模淤積，為魚類和

其他野生動物帶來浩劫。這項計畫只讓道路跨越河流，《蒙特婁憲報》稱之為「人類破壞環境的種種行為中最愚蠢的一種」。

全球經濟轉壞或許將使塞汶河潮堰再度被打進冷宮。2009年10月，《泰晤士報》報導英國多位部長質疑這項計畫在經濟上的可行性，同時引述英國國會內部人士的說法：「他們講的都是政治謊言。他們會說他們是把它延後，但實際上提供的經濟來源沒有那麼多。」

如果歷史可以當成參考，那麼我們還沒有看到最後結果。下一次，假如潮堰真的開始興建，將會再度帶來災難性的結果：潮湧將會就此消失。先不管其他環境問題，潮堰要想獲准興建，必須先面對潮湧衝浪客和觀浪者的激烈反對，觀浪者將會帶著保溫瓶抗議。

潮汐可能對地球生命的誕生大有幫助。大多數專家都同意地球剛形成時（大約45億年前），原始地球遭到與火星大小相仿的行星忒伊亞撞擊。這次撞擊有時很認真地被稱為大碰撞，把一片熔融物質拋到太空中。這些物質由一部分地函和忒伊亞的剩餘部分構成。一年之內，這些物質就結合成熔融的球體，這個球體就是月球。

時間快轉5億年，地球上已經出現海洋，並冷卻到形成固態地殼，但還是沒有生物。

地球剛形成時，自轉速度比現在快得多，所以一天也短得多。至於究竟有多短，目前還沒有共識，但有些人估計只有14小時，

所以每 7 小時左右就有一次滿潮[20]。在這個時期，月球接近地球得多，所以對海洋的重力牽引也大得多。因此在生命誕生之前，潮汐的力量比現在大得多。海洋可能以每小時高達 480 公里的速度流過早期大陸，強力刷洗地面，把礦物沖進水中，這些礦物將是未來餵養生物的重要物質。

但有些科學家主張，早期潮汐可能從一開始就扮演創造生命的主動角色。美國航太總署艾密斯研究中心行星科學家凱文・札恩勒解釋：「許多生命起源反應需要去除水。所以我們要找出濃縮溶液的方法。有個方法是把水潑在灼熱的岩石上，讓水流掉之後蒸發[21]。潮汐扮演起這個角色當然是輕而易舉。」

分子生物學教授理查・萊瑟也有類似的想法。他認為水在廣闊又貧瘠的土地上定時漲落，或許就是促成最早的 DNA 和 RNA 增殖的機制，這兩者都是傳遞遺傳密碼的分子。潮汐或許曾經以類似現代鑑識科學家複製 DNA 的方式，使這些分子增殖。

鑑識人員需要分析在犯罪現場取得的少量樣本中的 DNA 時（可能是像毛囊那樣非常細小的物質），必須先複製 DNA，以取得足夠的樣本來檢驗。這時他們會使用熱循環器反覆加熱和冷卻分子，反覆破壞和重組 DNA 的雙股螺旋結構，藉此增殖 DNA（如果讀者真的想知道的話，這個過程稱為聚合酶連鎖反應）。萊瑟指出，鹽水規律地乾燥和浸濕，也可能形成同樣的複製過程。簡而言之，早期潮汐或許曾經促成生命組成單位的複製過程[22, 23]。

所以下次潮水沖垮我們辛苦堆成的砂堡時，別忘了，沒有潮汐就沒有我們。

幾十億年來，潮汐使月球逐漸遠離地球。假如沒有潮汐，地球施予月球的作用力應該會把它拉向地心。但潮汐導致地球的重力牽引微幅偏移。由於地球自轉的影響，潮水的水體永遠稍微不正對月球，因此使月球逐漸向外甩到直徑更大的軌道。在潮汐影響下，月球目前以每年 3.8 公分的速度遠離地球。

在此同時，大量海水在海盆中翻攪時不斷散失能量，也使地球自轉速度減慢。因此，40 億年前一天的 14 小時逐漸拉長到現在所知的 24 小時。

所以，如果讀者覺得日子過得太快，想做的事永遠做不完，不用害怕，因為潮汐正在幫忙我們，持續拉慢地球的自轉速度，讓每天的時間愈來愈長。50 年之後，在波浪幫忙下，每天將會多出 0.001 秒[24]。

習慣性遲到者
的好消息

注釋

1. http://news.bbc.co.uk/1/hi/england/lancashire/4364586.stm

2. Bartsch-Winkler, Susan, and Lynch, David K., 'Catalogue of Worldwide Tidal Bore Occurrences and Characteristics', *US Geological Survey Circular*, 1022 (1988).

3. Rowbotham, F.W., *The Severn Bore* (Newton Abbott: David & Charles, 1970).

4. Details of the bores around the world are listed on the website of the Tidal Bore Research Society at www.tidalbore.info. All the bore heights listed here are the ones recorded there.

5. Cartwright, David Edgar, *Tides: A Scientific History* (Cambridge: Cambridge University Press, 1998), p. 18.

6. Koppel, T., *Ebb and Flow: Tides and Life on Our Once and Future Planet* (Toronto: Dundurn, 2007).

7. Lifei, Zheng, 'Special Supplement: When the waters engulf the sun and sky', *China Daily*, 8 September 2007.

8. Shi, Su, 'Watching the Tidal Bore on Mid-Autumn Festival' (1073), from *Su Dong-po: A New Translation*, trans. Xu Yuan-zhong (Hong Kong: Commercial Press, 1982).

9. Shi, Su, 'Watching the Tidal Bore on Mid-Autumn Festival' (1073), from *Su Dong-po: A New Translation*, trans. Xu Yuan-zhong (Hong Kong: Commercial Press, 1982).

10. Arrian of Nicomedia, *The Anabasis of Alexander or, The History of the Wars and Conquests of Alexander the Great*, translated, with a commentary from the Greek of Arrian the Nicomedian, by E.J. Chinnock (1884), Book 6, Chapter XIX.

11. 'Future Marine Energy: Results of the Marine Energy Challenge: Cost competitiveness and growth of wave and tidal stream energy', the Carbon Trust, 2006.

12. 'Progress through Partnership', Marine Foresight Panel Report, Office of Science and Technology, May 1997, URN 97/639, paragraph 2.8. See: www.foresight.gov.uk

13. Details of the excavation can be found at www.nendrum.utvinternet.com

14. Greenwood, J., 'A Gazetteer of Tidemills in England & Wales, Past and

Present', at http://victorian.fortunecity.com/holbein/871

15. 'Tidal Stream Energy: Resource and Technology Summary Report', The Carbon Trust, 2005.

16. Davey, Norman, *Studies in Tidal Power* (London: Constable & Co., 1923).

17. 'Tidal Power in the UK: Research Report 4–Severn non-barrage options', an evidence-based report by AEA Energy & Environment for the Sustainable Development Commission, October 2007. See www.sd-commission.org.uk

18. See www.rspb.org.uk/ourwork/casework/details.asp?id=tcm:9-228221

19. Friends of the Earth Cymru, 'The Severn Barrage' report, September 2007.

20. Lathe, R., 'Early tides–response to Varga et al.', *Icarus*, 80 (2006).

21. Dorminey, B., 'Without the Moon, Would There Be Life on Earth?', *Scientific American* (21 April 2009).

22. Lathe, R., 'Fast tidal cycling and the origin of life,' *Icarus*, 168 (2004).

23. Dorminey, B., 'Without the Moon, Would There Be Life on Earth?', *Scientific American* (21 April 2009).

24. Freedman, R.A., *Universe*, 8th revised edn (London: W.H. Freeman & Co., 2007), p. 249.

第八波

為世界帶來色彩的波

10月某天午後，我在森林裡散步時看到一隻孔雀蛺蝶。這種蝴蝶很好辨認，因為牠的翅膀上有四個特別的「眼睛」，看起來很像孔雀的尾羽。這隻蝴蝶停在樺樹的樹皮上，當一片斑駁的秋日陽光照在牠身上時，牠張開翅膀，儘量吸收熱能。牠一定覺得很冷，因為當我上前觀察牠翅膀上的圖案時，牠一動也不動。

眼睛裡的藍色色塊彷彿要從翅膀上鮮豔的橙色和稍暗的黃色中跳出來。這些斑塊有光輝燦爛的特質，我的意思是它的色彩閃閃發亮，而且隨角度而稍微改變，就像絲巾一樣，皺摺處的色相會略有不同。跟周圍單調的色彩相比，這塊藍色看起來好像是立體的。

1634 年，查理一世的醫師塞奧多爾·德·梅耶爵士（Theodore de Mayerne）曾經寫到，孔雀蛺蝶的眼睛圖案「像星星一樣亮得怪

異，放射出彩虹的光芒」。雖然我們覺得這些色塊漂亮，但它們的
目的不是誘惑，而是警示。藍色可以製造視覺錯覺，讓蝴蝶

防範掠食者。如果樹皮狀的下半截翅膀沒有騙過經過的白足
鼠，蝴蝶會亮出上半截翅膀，試圖嚇阻毛茸茸的掠食者。對齧齒類
動物而言，翅膀上的眼睛很像凶猛又飢餓的貓頭鷹。

　　孔雀蛺蝶和其他蝴蝶一樣，翅膀表面有細小的鱗片，每片長約
0.2公分、寬0.075公分，翅膀上的色彩就來自這些鱗片，這些橙色、
黃色，以及黑色和白色鱗片的色彩都來自色素。色素是化學物質，
可反射某些色彩的光、同時吸收其他光。然而，「眼睛」中燦爛的
藍色卻不是來自色素。鱗片中雖然**也有**黑色素，但黑色素是暗沉的
棕色。真正的祕密是鱗片表面的透明物質，這種物質稱為幾丁質。

　　含有暗沉棕色色素和**透明**表面的鱗片怎麼會閃耀燦爛的藍
色？這種藍色和一般色彩不一樣，稱為結構性色彩（structural
colour），意思是它出自透明表面的物理結構。透明表面由極細緻
的層次組成，各層間有微小的空隙。每一層可反射照射在上面的一
部分光。這種燦爛的藍色就是各層反射光結合在一起的結果，這種
現象稱為干涉。

　　干涉是相同的波互相碰撞時的現象，不只是光波，各種波都可
能發生。其實說「碰撞」並不正確，而應該說這些波互相通過，在
重疊時彼此疊加。我在我女兒的戲水池裡看到一個不錯的例子。這
裡的波不是出自閃亮的蝴蝶，而是幾隻可憐的蛾。

我不清楚這些蛾怎麼會在那裡，但隔了一夜，牠們都被困在水面上。牠們斑駁的黃褐色翅膀黏著水面，被表面張力緊緊抓住。牠們拍著翅膀，在水面上製造出一連串穩定的漣波。漣波互相重疊的效果相當引人好奇，我一方面想救這些蛾，另一方面又想觀察牠們，感覺有點兩難。

圓形漣波的波長大致相同，所以看得出牠們以差不多的頻率拍動翅膀。在某個時候，有兩隻蛾漂得相當接近，牠們製造的小波結合起來，形成漂亮的干涉效果。漣波從受困的蛾向外擴散時，產生向外發散的線條圖形，就像從牠們之間向外放射的輪輻。兩組波沿著這幾條線彼此疊加成超大的漣波，或是彼此抵消。水面看起來是這樣的（見下頁圖）。

蛾干涉

比較平靜的水面線條是某隻蛾製造的波峰和另一隻蛾製造的波谷交會的地方。兩個波在這裡相位相反，所以互相抵消，也就是說這裡的干涉屬於「破壞性」。在這些線條之間則是波動較大的水面線條。兩個漣波在這裡相位相同，某隻蛾製造的波峰遇上另一隻蛾製造的波峰、波谷遇上波谷，所以會互相疊加，也就是這裡的干涉屬於「建設性」。兩個波源必須彼此同調（coherent），也就是頻率和高度相同，而且相對相位沒有改變時，才能產生像這樣固定的干涉圖形，所以我想，如果兩隻蛾以不同的速度拍打翅膀，我應該就看不到這種效果了。

在長方形戲水池最近的這一邊，我大概分辨得出起伏較大和較小的區塊交錯出現，建設性干涉和破壞性干涉的線條一路通到池邊。我覺得這次殘酷的觀浪已經快要失控，所以我把蛾撈起來，讓

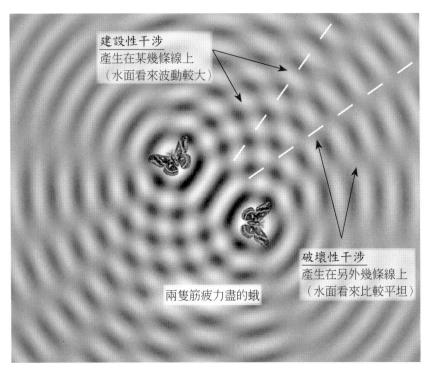

因在我女兒的戲水池水面的蛾驚恐地拍打翅膀，形成漂亮的波干涉圖案。

牠們在池邊晾乾翅膀，可以多活一天（或是一晚）。

　　我們坐飛機時，有時可以看到規模大上許多的波干涉圖形。在越洋飛行的飛機上望向窗外，有時可以看到來自某個方向的規則湧浪線條和來自另一個方向的湧浪線條彼此重疊。兩者結合後形成由疊加和抵消的波峰和波谷組成的交叉線條圖形。事實上，相同種類的波互相通過時都會形成這樣的干涉，只有一種波不符合這個規則，這種波就是震波。

干涉是波的基本性質，所以光波也會互相干涉就不足為奇了。但我們需要解釋一下干涉為什麼可以用來解釋蝴蝶翅膀上的燦爛色彩。

我們看得到的可見光是波長在一定範圍內的電磁波，波長範圍大約從靛色和藍色的 400 ～ 450 奈米*到紅色的 700 ～ 750 奈米之間。這些數字感覺上有點模糊，因為可見程度很難明確界定，必須依狀況和觀看者決定。中美洲的蝮蛇習慣看獵物體溫放射較長的紅外線波長，蜜蜂則習慣看某些花反射較短的紫外線波長，但這兩種光我們都看不到。

可見和
不可見的波

要理解孔雀蛺蝶翅膀的虹彩如何產生，就必須知道光的色彩取決於波長。干涉之所以能形成這類非色素結構性色彩，就是因為波長為 400 奈米的光波看起來是藍色的。

要解釋結構性色彩的形成方式，必須先提到另一種蝴蝶。這種蝴蝶的虹彩十分耀眼，所以經常成為科學研究的對象。閃蝶生活在拉丁美洲叢林的林冠下，同分類的某些物種整個翅膀都是虹彩般的藍色，翼展最大可達 20 公分。這種蝴蝶「揮動」翅膀時的藍色閃光十分耀眼，400 公尺外就看得到（對這麼大的蝴蝶而言，用「拍動」形容翅膀似乎不大合適），高度較低的飛機也能從樹梢上方看到牠在閃閃發光。

＊讀者們如果還記得的話，一奈米等於十萬分之一公尺。

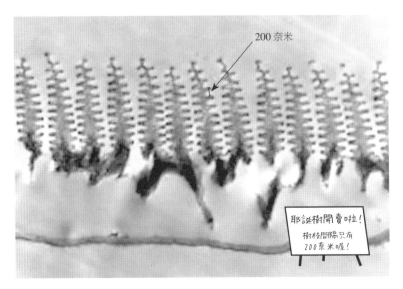

200 奈米

耶誕樹開賣啦！
樹枝間隔只有
200奈米喔！

用電子顯微鏡拍攝尖翅藍閃蝶翅膀鱗片表面的精細結構，看起來很像耶誕節前從外面看園藝材料賣場的樣子。

　　閃蝶翅膀鱗片表面結構產生虹彩的原理是極薄的多層透明幾丁質反射日光，其他蝴蝶的虹彩鱗片也是如此。這些幾丁質層非常薄，用一般光學顯微鏡看不到。要揭開閃蝶炫目藍色的祕密，必須用電子顯微鏡拍攝這些鱗片。透過電子顯微鏡觀察時會發現，幾丁質層間有非常細小且均勻的空隙，寬度大約是 200 奈米，恰好就是藍色光波長的一半。

　　我們來看看尖翅藍閃蝶（*Morpho rhetenor*）的例子。牠的虹彩鱗片非常小，直徑不到一個句點，有縱向的透明幾丁質稜，稜線兩邊還有更小的稜。用電子顯微鏡拍攝這種蝴蝶鱗片的橫斷面時，稜線看來像是小小的耶誕樹[1]。

但即使這些耶誕樹尺寸適合使用，它們也不可能放進客廳，因為每棵「樹」其實只是縱向稜線的橫斷面，就像用擠形機擠壓出來的透明黏土一樣。我們看到的「樹枝」其實是主稜兩側的小稜，也是最重要的幾丁質層，幾丁質層間的空隙精密得令人驚奇，寬度正好是 200 奈米。

由幾丁質層上下兩個表面向外反射的光波在彼此重疊時互相干涉。上表面反射的日光和穿過透明材質後被下表面反射的日光互相干涉。兩道反射光的交互作用取決於兩個光波行進的距離差、穿過幾丁質後的速度改變，以及光的波長。這些值的比較結果決定這兩個重疊光波是同相（波峰和波谷互相疊加）還是不同相（波峰和波谷互相抵消）。依據相位差異程度，兩個波結合後可能會顯得更亮（建設性干涉），也可能顯得更暗（破壞性干涉）。

耶誕樹枝的厚度和間隔極度精密，因此在整個日光波長頻譜中，只有 400 奈米左右的藍光波長能形成建設性干涉，因此顯得更亮。由於藍色反射光全部彼此同相，所以被耶誕樹枝層反射時亮度提高，其他色彩的光則不同相，因此形成破壞性干涉，彼此抵消，顯得較暗。連續的幾丁質層放大了特定波長的反射現象，耶誕樹下的棕色黑色素吸收沒有反射的其他波長的光，讓它們不會影響藍色的純淨度。因此，干擾現象具有神奇的光波選擇功能，從許多不同波長（結合起來就是我們看到的日光色彩）篩選出發出令人陶醉的藍色光的一小段頻帶。

看維多利亞時代標本箱裡的閃蝶很容易錯失重點。這種蝴蝶的美在於牠張開與合上翅膀時的色彩變化。如果附近沒有雨林，可以

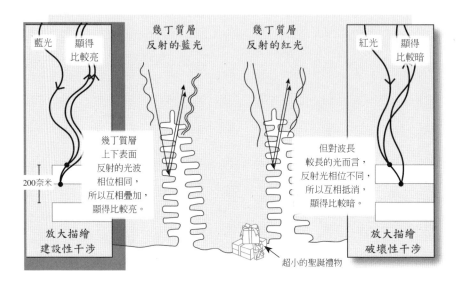

對藍色波長的光而言，幾丁質層上表面和下表面反射的光波相位相同，所以顯得比較亮。紅光等較長的波長相位不同，所以顯得比較暗。

造訪動物園的蝴蝶館，就會發現這種電藍色除了豔麗非常，還會在蝴蝶改變翅膀角度時稍微轉變成靛藍色。我們不直視牠的翅膀時，色相又會改變。因為有虹彩效果，這種色彩看來比一般色素更加千變萬化，虹彩效果則要靠蝴蝶的動作才能充分展現。

　　同樣地，使色相出現細微改變的因素也是干涉。光傾斜照射在幾丁質層時，上表面和下表面的反射光路徑差異沒有垂直照射時那麼大，因此形成建設性干涉的波長略短。所以從傾斜角度看來，蝴蝶翅膀比較接近靛藍色，因為靛藍色光的波長比鐵藍色略短一點。

　　再靠近閃蝶一點，還會發現另一種效果，就是牠開合翅膀時，燦爛的色彩似乎也會消失和出現。如果從非常斜、接近側面的角度

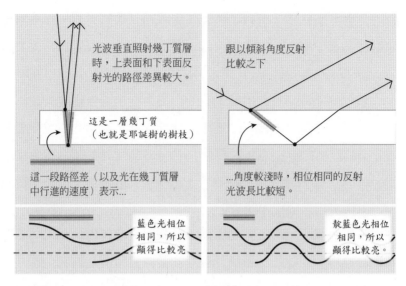

光波垂直照射幾丁質層時，上表面和下表面反射光的路徑差異較大。

跟以傾斜角度反射比較之下

這是一層幾丁質（也就是耶誕樹的樹枝）

這一段路徑差（以及光在幾丁質層中行進的速度）表示…

…角度較淺時，相位相同的反射光波長比較短。

藍色光相位相同，所以顯得比較亮

靛藍色光相位相同，所以顯得比較亮。

形成建設性干涉的波長不同，所以蝴蝶翅膀的色彩隨觀看角度而變。我已經儘量畫得簡單明瞭，但我得承認有那麼點失敗的可能性。

觀看，藍色會完全消失。

　　角度加大時，形成建設性干涉的光是波長較短的靛藍色，角度**非常**傾斜時，形成建設性干涉的波長不斷縮短，最後超出可見光的範圍。我們從接近側面的角度觀看蝴蝶翅膀時，色彩彷彿消失，原因是此時形成建設性干涉、顯得較「亮」的波長是紫外線（小於400 奈米），但我們看不到紫外線。隨著蝴蝶飛行時的翅膀動作，藍色不斷出現又消失。閃蝶製造閃爍的藍光可帶來一項演化優勢：它對掠食者有警示效果，就像超速的駕駛人在公路上看到後視鏡裡有藍色閃光一樣。

媲美彩虹的結構性色彩不是蝴蝶的專利。舉例來說，許多甲蟲的翅鞘就具有千變萬化的金屬色彩。以日本十分特別的彩虹吉丁蟲（*Chrysochroa fulgidissima*）而言，這些色彩出現在腹側和翅鞘。

甲蟲的
虹彩華服

我們從不同角度觀看時，它的上方會從黃綠色變成深藍色，下方則從綠色變成深紅褐色。此外，歐美常見的幾種甲蟲身上也看得到這類虹彩。比如身長只有6公分的薄荷葉甲蟲（*Chrysolina menthastri*）是帶有銅色調的深綠色。這種甲蟲或許會吃掉花園裡的薄荷，但至少是光明正大地來吃。

這類甲蟲身上出現虹彩的原因不是截面像耶誕樹的結構，而是光波干涉原理。在這裡，結構性色彩同樣源自覆蓋在翅鞘上的一層層透明幾丁質，每層表面的間隔距離只有 100 奈米左右。牠們閃耀的虹彩類似水面浮油或肥皂泡的金屬色彩，形成原因同樣是極薄的油或肥皂膜上下兩面反射的光波互相干擾。

此外還有鳥類。有虹彩光澤的羽毛，或多或少都是結構性色彩藉助光的波動性產生的結果。最特別的例子應該是天堂鳥身上鮮豔的藍色、綠色、紅色和金色。雄鳥羽毛的鮮豔程度對牠們表演求偶舞吸引雌鳥的成功與否十分重要。某幾種蜂鳥脖子上不斷變化的色彩也很漂亮。這類色彩大多是綠色和藍色，但某些蜂鳥具有虹彩的紫色、黃色和銅橙色。翠鳥身上特殊的藍綠色光芒源自結構色彩，和雄環頸雉脖子周圍的藍色與綠色相同，當然也不能忘了最具代表性的孔雀羽毛上的眼睛。

產生光波干擾、形成這些燦爛色彩的結構在各種鳥類身上各不相同。孔雀羽毛有一道中央脊，兩側是許多羽枝。每條羽枝上有數

不清的小羽枝。以電子顯微鏡觀察時，可以看到小羽枝上有許多光子晶體。這些晶體具有黑色素顆粒組成的奈米 3D 晶格，間隔和光的波長差不多[2,3]。

對牠們和許多類似生物而言，牠們產生的虹彩一定曾經帶來明顯的演化優勢，才會發展出如此精細的表面結構，例如與敵人或朋友溝通等。但有個亮麗的例子似乎只是建造安全住家的附屬效果，就是牡蠣殼內壁的珍珠質散放的珍珠色光澤。珍珠質是無數層數奈米厚的碳酸鈣結合在一起，形成光滑無瑕的表面。除了牡蠣本身之外，沒有人看得到珍珠質，所以它的功能不是繁殖或溝通。儘管如此，想到牡蠣有了這層亮麗的壁紙之後會生活得更加健康快樂，感覺也是不錯。

然而只要有人類在，虹彩對這些動物來說似乎沒什麼幫助。閃蝶的翅膀很適合當成儀式面具的裝飾（捕捉閃蝶的亞馬遜部落或許就這麼覺得），鑲嵌在木櫃上的珍珠質也比牡蠣殼內壁的珍珠質受到人類喜愛。19 世紀中期，歐洲貴族女性喜愛穿著以吉丁蟲翅鞘裝飾的長舞裙炫耀。這些炫目的結構性色彩或許為這些生物提供豐富的吸引配偶和嚇阻掠食者等效果，但對人類的吸引力可能大過一切。

人類的
虹彩華服

塞繆爾・強森觀察到：「我們都知道光是什麼，但很難**說出**它是什麼。」[4] 他說得沒錯。光讓我們**能**看到東西，所以要清楚說明光的本質成為極難克服的挑戰。

我必須坦白承認一件事。我一直把光描述成一種波，但其實沒有這麼單純。17世紀英國物理學家（以當時的說法是「自然哲學家」）羅伯特・虎克於1665年提出光的波動理論。大約25年後，荷蘭的克里斯提安・惠更斯發表數學證明，指出我們能以波來解釋光的許多特性，加強了這個理論。

光是一種波

這個理論有個問題是說明光波**靠什麼傳播**。海浪靠海水傳播，音波靠空氣（或其他物質），但光是讓什麼東西「波動」？其他波都需要介質，光卻能在真空中傳播，所以波動理論學家必須提出傳遞光的以太，但沒有人知道以太是什麼。

牛頓爵士在1704年首次出版的重要著作《光學》（*Opticks*）中提出另一個大不相同的概念。他提出光或許不是波，而是極小的粒子或微粒（corpuscle）。《光學》成為整個18世紀研究光的性質的決定性著作，所以這個概念維持的時間相當長（不過這本書這麼重要，牛頓應該檢查一下書名的拼字才對）。

光由粒子構成

牛頓透過巧妙的實驗和熟練的推論，說明光透過玻璃時如何以及為何產生繞射現象，並證明稜鏡能把日光分成構成它的彩虹光譜。粒子理論在這本書中一點也不重要。事實上，這本書只在1717年的修訂版結尾的「問答」中提到粒子理論：「光線是不是發光物質放射的十分微小的粒子？[5]」

牛頓藉由這些「問答」逃避光學現象的主題，只說如果光由微小的粒子構成，那麼日光通過玻璃稜鏡時分開的各種色彩可能是大小不同的粒子？他認為最小的粒子是紫色，最大的是紅色。儘管沒有實驗證明，但牛頓地位崇高，所以科學家大多接受他的微粒理

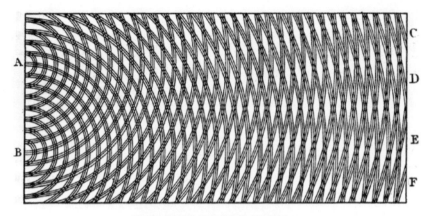

猜猜看誰的耶誕禮物是圓規？

論。直到 19 世紀初，有利於光是波動的可信證據開始出現後，科學家才放棄微粒理論。一項實驗一舉釐清了這個問題的所有疑惑。它是近代物理學史上最重要的一項實驗，不過設計者是不喜歡實驗室工作的業餘物理學家。這個實驗證明光具有最接近波的性質：干涉。

　　楊格生於 1773 年，是傑出的通才學者，兩歲時就學會閱讀，四歲時就從頭到尾讀完整本聖經**兩次**。大約 30 年後，他畫了一張讓所有的蛾都會驚訝不已的圖（見上圖）。

　　1807 年，楊格在英國皇家學會以「自然哲學與機械技藝」為題演講時，展示了這張圖[6]。這張圖原本是要說明「把兩個一樣大的石頭同時丟進池塘時」形成的波浪交互作用圖形。據說楊格的靈

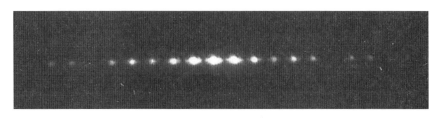

楊格的光圖形看起來不會這麼清楚（這張圖是以雷射光製作的），但通過兩個狹縫的光確定會互相干擾，形成較亮和較暗的區塊。

感來自劍橋伊曼紐爾學院池塘裡兩隻天鵝製造的重疊漣波圖形[7]。但他展示這張圖的用意不只是說明水波的特性，也是說明光的特性。

　　楊格認為，這張圖除了代表水面的漣波，也代表一道日光通過紙板上的兩道狹縫（圖上分別標示為 A 和 B）後以波的形式穿出。光既然是波，就應該會由兩個狹縫向外擴散，就像水波通過海堤的狹窄空隙一樣，這種常見的波的特性稱為繞射。楊格推斷，如果光是波，則由兩個狹縫射出的重疊光束應該會像重疊的水波一樣互相干涉，但結果不是起伏較大和較小的水面，而是較亮和較暗的光。起伏較大的水面或建設性干涉是較亮的區塊，起伏較小的水面或破壞性干涉則是較暗的區塊。楊格解釋，他的實驗結果確實如此。他把紙板放在重疊的光束中時，出現的圖形就是這樣*（見上圖）。

＊事實上他不久後就知道，要產生這種效應，通過兩個狹縫的光束必須同調，也就是兩者的波長和強度都相同，並且同時通過狹縫，或稱為同相。因此光源必須相當明亮和純淨，同時照射兩個狹縫。

楊格主張，牛頓的光微粒束無法解釋這些結果，但我們「很容易就能以兩個同時發生的起伏互相干擾，有時互相合作、有時又互相破壞來解釋」這些明暗條紋。讀者們或許會覺得他的說法非常可信。如果光由微小的粒子構成，這該怎麼解釋？微粒加上更多的微粒只會變成一大堆微粒。

牛頓的微粒理論廣被接受，已經根深柢固，因此楊格的主張要等到 10 年之後才被認真看待。儘管我們知道水波等其他的波在破壞性干擾時會互相抵消，光加上光可能等於黑暗仍然違反直覺。年輕的蘇格蘭律師亨利・布羅漢姆大力支持牛頓理論，因此在頗具影響力的期刊《愛丁堡評論》上激烈攻擊楊格的主張，說這些論證不具「學習、敏銳或獨創性，足以彌補它在堅實思考力方面的明顯缺陷」[8]。

後來法國工程師奧古斯丁・菲涅耳以數學方程式支持楊格的論證，反對者才無話可說。1815 年，菲涅耳向巴黎科學院介紹他的研究成果時，以光的波動理論推導而得的數學式完美說明了楊格的干涉條紋。科學界的看法終於開始轉向，19 世紀中期，科學界已經達成共識，確定光是一種波。

光確定是波

1900 年 12 月，德國物理學家普朗克無意中投下變數。他提出一個看似單純的「如果」問題，後來成為波動說支持者的頭痛問題。普朗克投入五年的時間，試圖提出燈絲放射的光取決於金屬溫度的理論模型。電力公司非常希望知道這一點，以便

投下變數

提高燈泡效率。

　　因為某些理由，科學家很難歸納出燈光頻率與燈絲溫度間的關係方程式。每個人都知道鐵工廠鍛爐中的鐵棒溫度升高，顏色也會跟著變化：首先是紅色、接著是橙色、黃色和白色（這時通常已經熔化）。有些頻率一直存在，但最亮的主頻率則會隨溫度改變。溫度升高，最亮的光頻率改變，發光金屬的色彩跟著改變。但主頻率與溫度**有什麼關係**？當時沒有物理學家能提出數學方程式。

　　你或許不覺得這有什麼大不了的。這個難題對燈泡製造商而言或許非常重要，不過好像不至於讓維多利亞時代的社會屏息等待這個急迫問題的答案。但普朗克提出的數學解答啟發 21 歲的愛因斯坦，使他再次改變世人對光的理解。事實上，透過愛因斯坦和其他人的研究成果，普朗克這個看似單純的數學推測最後將重新塑造整個原子尺度世界的樣貌。

　　這時，我們必須先放下可見光和所有電磁波都是單純波的想法。

　　普朗克假設高熱金屬放射的光和熱是不可分割的微小能量，並命名為量子（quanta）。他發現這樣就能精確預測不同溫度時放射的頻率。他設計這套能量量子系統，只是當成讓計算結果符合實驗數據的數學技巧。他推測放射光的頻率愈高，這些想像的量子攜帶的能量愈高。他和當時其他物理學家一樣，相信光是一種波，而且只要假以時日，我們也能以波來描述發光金屬放射的光和熱。

　　但幾年之後，愛因斯坦在他那成果出奇豐碩的 1905 年提出，普朗克的量子系統或許不只是數學技巧。這名當時沒沒無名、在瑞

士伯恩專利局勉強餬口度日的物理學家發表一篇論文，提出電磁輻射其實**就是**量子能量封包[9]。他提出，如果這些不可分割的能量包是光、甚至是所有電磁波的物理性質呢？如果加熱到發光的金屬放射的其實是一包包能量呢？如果真是如此，則反過來講應該也是對的：金屬**吸收的**也是一包包能量？如果能透過實驗驗證，我們對光的所有理解將徹底改觀。

愛因斯坦登場

這篇論文發表於 1905 年 3 月，是愛因斯坦當年撰寫的五篇開創性論文中的第一篇。這五篇論文非常重要，因為它們將成為近代物理學的基礎。這幾篇論文中包含這位年輕物理學家相對論的先聲。但依據愛因斯坦本人表示，其中只有光由不可分割的能量封包（量子）構成的概念「具有革命性」[10]。

愛因斯坦假設，如果光**是以**封包方式放射和吸收，則光的各種頻率或波長，以及在我們眼中的各種色彩，差異可能只是它們的量子所含的能量。他提出，要實際呈現這個理論，或許可以透過特定金屬吸收光後出現的光電效應。

金屬的特性之一是電子很容易移動，所以導電性很好。但各種金屬的電子移動程度各不相同，導電性也各不相同。電子移動性代表光照射在金屬上時，有時會把電子「打出去」，使電子脫離表面，這就是光電效應。電子被這樣打出去的數量可以隨時間測量，因為金屬失去帶負電的電子後，正電荷會逐漸增加。設計太空船時必須把這種效應列入考慮，原因是日光照射在太空船的

光電效應

金屬機身時，可能使正電荷逐漸增加，進而影響儀器。此外，相機測光表的感光元件，以及天黑時自動點亮的路燈和嬰兒房夜燈感知器的運作原理也是光電效應（在這類偵測裝置中，電子並未在感測器吸收光時被打出來，而是留在半導體中，從與原子緊密結合的靜止態激發為流動態，類似金屬中的電子，可以流動形成電流）。

愛因斯坦 1905 年的革命性論文提出，如果光確實由量子構成，則電子被打出金屬表面的原因或許是光量子被吸收時產生的光電效應。他預測，如果確實如此，則每秒鐘脫離金屬表面的**電子數目**應該取決於每秒鐘到達的量子數目，也就是光的**強度**。同時，它們脫離的**最大速度**則取決於每個打出它們的量子的**能量**，或說光的頻率，也就是它的色彩。

10 年後，1916 年，愛因斯坦的預言被證實[11]。頻率較低的紅光照射在某些金屬上時，無論強度多強，電子都不會脫離金屬表面。另一方面，頻率中等的綠光則可輕易打出電子。但無論綠光強度多強，電子脫離時的最大速度都相同。頻率較高的紫光照射金屬時，即使紫光強度非常弱，脫離的電子速度依然比綠光快。

這些現象沒辦法以光的波動說解釋，但如果光由能量包構成，且每個量子包含的能量依頻率而定，就完全說得通了。光電效應似乎證實了愛因斯坦的說法，確定光由分離的量子構成，而不是擴散的波。不過，正如物理學家面對楊格的波動理論時非常抗拒放棄牛頓的光微粒概念一樣，20 世紀前半的物理學家也極度不願拋棄舊理論，接受愛因斯坦認為應該以粒子描述光的理論。當時的人普遍拒絕接受他的主要概念，並且宣稱他「魯莽」的假說「違反已經完

全確立的事實」，而且「無法解釋輻射的性質」[12]。

　　然而，愛因斯坦自己很有信心。1916 年，實驗證實他的光電效應預言後不久，他在寫給朋友的私人信件中提到「光量子的存在幾乎已經確定」。但直到 1921 年，他才以 1905 年光的量子性質研究獲頒諾貝爾物理獎。5 年後，普朗克提出（但他從未相信它存在）、愛因斯坦證明確實存在的光量子被稱為光子（photon）。

光又是粒子了，真是荒唐

　　科學界又翻盤了：光還是粒子。

　　　　　　　　　　　　⤳

　　但楊格狹縫實驗的那些現象又是怎麼回事？他不是以通過兩道狹縫的光產生的干涉現象說明光具有波的特性？他的實驗當然已經證明光確實是波。兩個粒子，無論稱為微粒、量子、光子或次原子粒子，都不可能像反向的波一樣互相抵消，變成沒有粒子。

　　如果我們每次讓一個粒子通過楊格的狹縫，會有什麼結果？一個粒子不可能同時通過兩個狹縫，跟自己互相干擾，對吧？

　　嗯，聽起來或許不可能，但其實我們同樣可以做出楊格雙狹縫實驗的結果，方法是用濾鏡降低光的強度，使光子一個個通過狹縫。光子通過狹縫後不會打在牆壁上，而是被靈敏度極高的相機感測，形成螢幕上的白點。

　　一開始，光子到達的位置似乎是隨機的，但隨著白點逐漸增加，奇怪的現象出現了。（見下頁圖）

　　與楊格的干涉條紋完全相同的明暗區塊出現了，大多數光子打

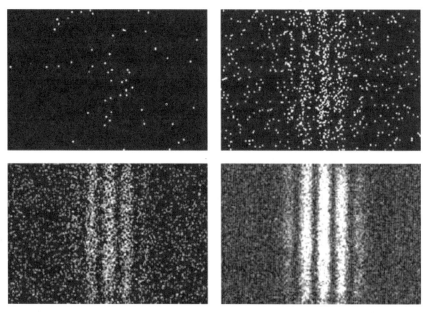

看得出來這是什麼嗎？光子一個個到達，出現了一個圖形 [13]。

在我們預期中的明亮區域，打在預期中黑暗區域的光子極少。所以，這個圖形和波干涉的圖形相同。以量子物理學創立者保羅・狄拉克的說法，彷彿「每個光子只跟自己互相干擾」[14]。讀者或許會想，一個光子自己在黑箱子裡做些什麼是它自己的事，跟別人無關。但狄拉克實質上承認我們完全不知道單一光子為什麼有時具有波的特性。

這類由小點組合而成的影像讓人想到點描畫派。我們可以拿它和保羅・希涅克 1888 年描繪布列塔尼波爾特里歐港漣波蕩漾的畫作相比。點描畫派絕對是最花功夫的上色方法。畫家用極小的彩點

希涅克的《波爾特里歐港》（1888 年）

建構整個畫面，一個小點一個小點慢慢描畫。（這類繪畫中最著名的作品是喬治‧秀拉的《大嘉特島的星期天下午》，共花費兩年才完成。）畫家或許能以點來定位，但誰來決定光子該怎麼排列？是什麼看不見的手讓它們起初在螢幕上看來像隨機排列，但一段時間之後逐漸構成點描畫派的波干擾圖形？

　　每個光子的路徑好像是由波來決定。光似乎在行進時像波，而接觸相機時又像粒子*。物理學家湯姆森曾經說過：「粒子一旦出

---

* 事實上，現在我們說光行進時是「量子力學波」，而受到偵測時是粒子。

現，波就像睡醒時的夢一樣消失無蹤。[15]」這是量子力學看似矛盾的世界。現在我們可以藉助量子力學，以數學方式描述電磁波的雙重人格特質。這個理論能充分解釋看來矛盾的光的特性，但能幫助我們進一步了解光實際上是什麼嗎？依據史上最傑出量子物理學家理查·費曼的說法，答案是否定的：「我們還是無法了解……因為**我**不了解，而且沒有人了解。[16]」

誰知道？又有誰在乎？

研究量子物理的科學家大多認真地表示，他們和其他人一樣覺得光的性質非常神祕。1951 年，愛因斯坦自己寫道：

我認真思考了 50 年，卻沒有更接近「光量子是什麼？」這個問題的答案。當然現在每個渾球都以為自己知道答案，但其實只是欺騙自己。[17]

光有雙重人格的意思是它能以頻率描述（紅光位於可見光頻譜中頻率較低的一端、藍光和紫光位於較高的一端），也能以光子的能量描述（紅光的光子能量較低、藍光和紫光較高）。

但具有波與粒子雙重性的不只是可見光。所有電磁波都有，而且能以頻率、波長或光子能量來描述。頻率比可見光低的波對通訊界而言格外重要，包括無線電波、微波和紅外線。頻率比可見光高的波稱為紫外線、X 射線和 γ 射線。

紫外線的波長介於 10 ～ 400 奈米之間。我們雖然看不見它，

但還是稱它為光波，因為有些動物看得到它。波長較長的紫外線來自太陽，不過沒有可見光那麼多，而且是我們曬黑的原因。但紫外線的波長愈長，對皮膚的傷害愈大（我也可以說「頻率愈高」或「它的光子的能量愈大」）紫外線能使電子脫離原子，所以稱為游離性輻射。紫外線在皮膚上發揮這種作用時，就可能破壞 DNA 分子，產生癌細胞。還好，地球的臭氧層吸收了大部分波長較短、能量較高的紫外線，但在大氣保護層之外的太空人則依靠面罩表面的鍍金層來抵擋這些波。

紫外線

X 射線是波長介於 0.01 ～ 10 奈米的電磁波。比較起來，太陽放射的 X 射線不算多，但數十億光年之外互相碰撞的星系間發散的灼熱氣體則會放射大量 X 射線。在我們周遭，金屬受到高速電子撞擊時也會放射 X 射線。在急診室裡幫受傷骨骼照相的 X 射線就是這樣產生的。X 射線的光子頻率較高，能輕易穿透皮肉，但無法穿透骨骼，所以會在另一面的感光板上形成陰影。X 射線的光子也有游離性，比紫外線更容易致癌，所以最好避免長時間接觸 X 射線。

X 射線

最後是頻率最高的電磁波：γ 射線。γ 射線的頻率小於 0.01 奈米，所以光子的波長最短、能量最高。在太空中，γ 射線來自溫度遠比太陽高的天體，例如爆炸的恆星，通常稱為超新星。在地球上，γ 射線來自放射性物質，這樣應該可以說明 γ 射線有多危險。但它們對生物造成的損害不一定是壞事，例如食品業用它來殺菌的效果就非常好。另外諷刺的是，這類致命光子對活細胞損害極大，但也能挽救生命。放射治療常使用 γ 射線消滅癌細胞，

γ 射線

防止它自我複製＊。

～

　　1924 年，一位法國貴族證明，波和次原子粒子錯綜複雜的怪異特性已經超出電磁波的領域。32 歲的路易・德布羅意公爵七世（Louis, 7th Duc de Broglie），在巴黎索邦的科學學院進行博士論文答辯。這篇論文的主要假設相當奇特，審查委員很困擾要不要讓他取得博士學位。德布羅意主張，愛因斯坦已經證明我們能以微粒（現在稱為光子）流來解釋光波，所以反過來講可能也成立。我們能以波來解釋（十分微小但）具有質量的電子、甚至原子等物質微粒流。

　　雖然德布羅意的作品的數學推導看來相當完整，但他的結論似乎非常荒謬。審查委員忐忑不安地通過了德布羅意的論文。其中一位審查學者給愛因斯坦看了這篇論文，愛因斯坦十分讚賞。他寫信給另一位物理學家時提到：「它看來或許瘋狂，但確實相當可信。[18]」

　　德布羅意的「物質波」聽來或許荒誕，但很快就有人證明它確實存在。1927 年，德布羅意的論文通過僅 3 年，紐約貝爾實驗室（這家公司除了製造電話，也資助基礎物理研究）兩位物理學家發

＊ 愈來愈多人認為 X 射線和 γ 射線的區別不是波長或頻率，而是波（或光子）的產生方式。X 射線源自原子核周圍的電子改變能態，γ 射線則源自原子核本身（不，其實這個我也不懂）。

現電子束和光束一樣可形成建設性與破壞性干涉的繞射圖形。他們朝鎳晶體發射電子束時，電子會分散到幾個集中的頻帶。鎳晶格結構的作用與楊格實驗中的狹縫相同，但距離近了**非常**多（大概不到狹縫距離的 200 萬分之一）。

電子的波動性已經證實。此外，物理學家測定繞射圖形頻帶間的距離，同時考慮電子通過的鎳晶格的大小，可以算出這個電子束的「波長」。物理學家的計算結果與德布羅意算出同速度電子束應有的波長幾乎完全相同。

1929 年德布羅意以這個研究結果獲得諾貝爾物理獎時表示：「電子不再被視為單一帶電粒子，而是與波有關，而且這種波並不神祕，我們可測量它的波長並預測其干涉作用。」

覺得難以理解波和粒子的雙重性是理所當然的。這真的有關係嗎？光和次原子粒子的量子雙重性跟你我有什麼關係？

以它開發的科技中，最實用的應該是電子顯微鏡，也就是讓我們看到閃蝶翅膀上有小小耶誕樹的儀器。一般光學顯微鏡看不到這些形成虹彩的小小樹枝。這和鏡頭解像力或儀器靈敏度無關，而是以可見光觀察物體的一般顯微鏡的基本限制：物體小於光本身波長的一半時，這類顯微鏡就看不到。所以我們以波長介於 400 ～ 750 奈米的可見光觀察時，看不到小於 100 奈米的角質層樹枝。

另一方面，電子顯微鏡的解像力高出許多，目前最先進的機種

電子顯微鏡

電子顯微鏡的解像力非常高，讓我們一眼就能看出果蠅該除腿毛了。

看得到 0.05 奈米的物體 [19]，比原子的直徑還小。這類顯微鏡完全以電子束運作。電子物質波和光波一樣，照射物體時可產生散射和繞射，也能以特殊鏡頭聚焦成像，但電子物質波的波長大約是可見光的 100 萬分之一 [20]，所以當我們要拍攝果蠅體毛時就有優勢了。

電子顯微鏡分成兩大類。掃描式電子顯微鏡的運作方式是以十分集中的電子照射樣本，測量由樣本向外散射或被打出樣本的電子。穿透式電子顯微鏡則是讓較分散的電子束穿過極薄的樣本切片，再測定圖形。電子很容易被空氣分子散射，所以無論是穿透式或散射式，整個過程都必須在真空中進行。強力電場使灼熱鎢絲放射電子後加速，速度通常接近光速。

電子顯微鏡和光學顯微鏡的主要差別是鏡頭。光學顯微鏡的玻璃透鏡對電子束而言完全不透明，因此電子顯微鏡是以極強的磁場集中電子束後形成影像。

兩者間另一個主要差別是電子束和光子束照射樣本的效果。因此，樣本拍攝前的準備工作必須格外仔細。對掃描式電子顯微鏡而言，準備工作包括在表面鍍上一層極薄的黃金，讓帶負電荷 顯微尺度的電子照射時積聚在樣本上的電荷流走，避免電荷導致影像 的金手指失真。而對穿透式電子顯微鏡而言，準備工作包括以「鑽石刀」切割樣本，以便讓電子穿過，厚度最多不能超過 0.0001 公分（手也必須非常穩才行）。

電子顯微鏡能拍出放大率如此高的影像，關鍵就是和移動的粒子流一同來到的波。如果我們不知道物質波，就永遠不可能這麼仔細地觀察果蠅，更不可能了解蝴蝶的結構性色彩從何而來。

但德布羅意這項發現的重要程度遠超過讓我們仔細觀察非常小的物體。仔細想想，他把愛因斯坦提出的光的波粒雙重性拓展到所有物質，是非常重要的成就。他先以數學證明，再以實驗驗證，各種微粒只要速度夠快，都具有波的特性，不只是電子，也包括原子

和分子。

　　懂嗎？這代表只要粒子夠小、速度夠快，**任何物質都有波長。**所以我們可以說（可惡，我覺得我會這麼說）**萬物都是波。**我們觀浪者或許知道些什麼。

注釋

1. Vukusic, P., et al., 'Quantified interference and diffraction in single *Morpho* butterfly scales', *Proc. R. Soc. Lond.* B, 266: 1403-11 (1999).

2. Yoshioka, S., and Kinoshita, S., 'Effect of Macroscopic Structure in Iridescent Color of the Peacock Feathers', *Forma*, 17: 169-81 (2002).

3. Zi, J., Xindi, Y., Li, Y., et al., 'Coloration strategies in peacock feathers', *PNAS*, 100: 12576-8 (2003).

4. He said it in 1762, according to Boswell, James, *Life of Samuel Johnson*, Part 3.

5. Newton, Sir Isaac, *Opticks* (1704).

6. Young, Thomas, *A Course of Lectures on Natural Philosophy and the Mechanical Arts* (London: J. Johnson, 1807).

7. Bendall, S., Brooke, C., and Collinson, P., *A History of Emmanuel College, Cambridge* (Woodbridge: The Boydell Press, 1999).

8. Brougham, H., 'The Bakerian Lecture on the Theory of Light and Colours. By Thomas Young', *Edinburgh Review*, I (January 1803).

9. Einstein, Albert, 'On a Heuristic Viewpoint Concerning the Production and Transformation of Light', *Annalen der Physik*, 17: 132-48 (1905).

10. Letter from Einstein to Conrad Habicht, 18 or 25 May 1905, in Klein, M.J.,

Kox, A.J., and Schulmann, R., eds, *The Collected Papers of Albert Einstein, vol. 5, The Swiss Years: Correspondence, 1902-1914* (Princeton: Princeton University Press, 1993).

11. Millikan, Robert A., 'A direct photoelectric determination of Planck's "h"', *Phys. Rev.*, 7: 355-88 (1916).

12. The first quotation is by Millikan, Robert A., in *Phys. Rev.*, 7: 355-8 (1916). The second quotation is by Neils Bohr in his acceptance speech for the Nobel Prize in Physics, 1922.

13. Dimitrova, T.L. and Weis, A., 'The wave-particle duality of light: A demonstration experiment', *Am. J. Phys.* 76 (2) (2008).

14. Dirac, Paul, *The Principles of Quantum Mechanics* (Oxford: Oxford University Press, 1958, first published 1930), Chapter 1.

15. Thomson, George P., 'Electronic Waves', Nobel lecture, June 7 1938.

16. Feynman, Richard P., *QED: The Strange Theory of Light and Matter* (Princeton: Princeton University Press (1985), Chapter 1.

17. Einstein, Albert, in a letter to his friend Michele Besso (12 December 1951).

18. Einstein, Albert, in a letter to Heindrick Lorentz (16 December 1924).

19. Erni, R., et al., 'Atomic-Resolution Imaging with a Sub-50-pm Electron Probe', *Phys. Rev. Lett.*, 102: 096101 (2009).

20. McKenzie, D., 'The Electron Microscope as an Illustration of the Wave Nature of the Electron', Science Teachers' Workshop 2000, School of Physics, the University of Sydney, Australia.

第九波

消失在岸邊的波

經到了一月，是時候要去夏威夷進行這次的「研究之旅」了。飛機降低高度，在位於歐胡島的檀香山機場上空穿過天氣不錯的積雲時，我鬆了一口氣，把注意力轉回最看得見摸得著，而且也最熟悉的波，就是在岸邊看到的海浪。

　　前一年結束時，我有一種感覺，就是我們周圍到處都有波，但矛盾的是我們大多察覺不到。人類已經習慣於只注意這些波傳遞的訊息，而不注意波本身。我們最生動鮮明的波浪經驗來自海面，對大多數人而言，海浪就是波。飛機在檀香山接觸地面時，我想到最初在康瓦爾海邊引起我的興趣的波浪。這裡是地球的另一端、不同的大洋、不同的水域，我卻有強烈的回歸感。

　　我在耀眼的陽光中來到歐胡島北岸的威美亞灣，往下爬到岬

角，站在反光的火成岩上。眼前海浪的怒吼聲排山倒海而來。儘管看過貓王電影、衝浪影片和檀島警騎影集，我還是沒有準備好迎接這一輪感官重擊。除了海水水花在嘴唇上留下的鹹味，水的力量對內帶來的衝擊感像一帖補藥，讓我從時差中清醒過來。不停息的風掠過海灣中的棕櫚樹和炫目的沙子，吹向左邊，再通過西北邊的太平洋海域，湧起的翠綠水牆則從那個方向捲來。這些水拉高成尖峰，在我眼前的岩石上炸開，把白色的水噴到 6 公尺高，再落到岬角的石塊上，發出嘶嘶的泡沫聲。我脫下鞋子，感受波里尼西亞湧浪在岩石間迴盪的拍擊力道。在夏威夷這裡，波與粒子的疑惑完全不存在。

第二天在威美亞灣海邊，我跟南非著名衝浪選手安德魯・馬爾坐在一起觀浪。我們在一座花園裡看著海灣，俯瞰著等浪區：幾個衝浪客分散在水面各處，坐在板子上，等著下一波海浪到達。我前一天感覺到的風還在吹著，因為它是溫暖潮濕的貿易風，從東邊吹向夏威夷群島，一年到頭都不停止。它吹得我們頭上的棕櫚葉沙沙作響，讓陽光在我們面前的桌上來回舞蹈。

馬爾正在解釋如何在這裡最有名的巨大湧浪上衝浪，他告訴我判斷「登浪」的時機和位置有多重要。登浪是指衝浪者停止划水加速，站上衝浪板，開始從浪面滑下的時刻。他說：「能量會在某個地方突然凝結。這就是我們要找的地方，在能量的集中點等著。如果能在正確的時刻到達正確的地方，正好趕上湧浪，就能完美進

318

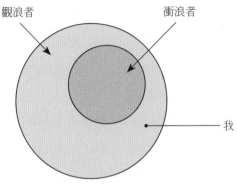

觀浪者　衝浪者

我

我在夏威夷時的狀態十分明確。

浪。」

　　我熱切地點著頭，但這不表示我想抓塊板子、划到海上去衝個浪。我不會體驗到所謂的「完美進浪」。我從來沒衝過浪，連薩莫塞特家裡附近海邊的小小浪都沒衝過，所以我不會在波里尼西亞海岸邊的大浪上賭運氣。我在這裡當然是旁觀者。我知道我在觀浪者和衝浪者的文氏圖上屬於哪個位置。

　　相反地，馬爾從 4 歲就開始衝浪。他父親也是衝浪客，從 20 歲出頭第一次到夏威夷開始，每年冬天都會到夏威夷待上幾個月。我們眼前的海灣是歐胡島北岸世界知名的衝浪地點，衝浪術語稱為浪點（break）。威美亞灣確實讓全世界開始注意大浪衝浪，意思

是在浪面高度超過 5.5 公尺的浪頭衝浪。

　　從我們的觀點看來，這裡具備典型熱帶海岸線的所有特質：白沙、周圍點綴著棕櫚樹和碧綠的海水，但威美亞灣成為大浪衝浪聖地的關鍵卻在我們看不到的海浪下方。鋸齒狀礁岩在水面下從海灣北邊的岬角一路向外延伸。大湧浪從西北方接近時，捲近海灣的浪從右端（從海灘觀察）開始破碎。在火成岩礁石超出岬角之外水比較淺的區域，海浪突然慢下來、變得尖陡並開始破碎，其餘部分則繼續進入海灣中央的深水區。這表示崩落的白水從右邊開始，沿著波浪逐漸向左發展。岬角附近的礁石和沙質海灣中央深度不同，因此威美亞灣的浪面可能高達 15 公尺，適合技術精湛或膽大包天的人衝浪。如果無法理解這樣的浪有多高，可以想像一堵高達五層樓的水牆＊。這麼大的海浪如果是出現在北岸其他浪點時就太危險，不適合衝浪。原因是海浪這時會「扣倒」，意思是整片海浪同時崩塌破碎，而不是從某個點開始破碎，讓衝浪者能沿對角線橫越波

＊ 在夏威夷，衝浪客習慣採用的浪高測量方式跟其他地方有點不同。在全世界大多數地方，浪高是任何一刻的浪面高度。換句話說，就是前方從波峰到波谷的高度差。但「夏威夷尺度」指的不是波浪在海岸破碎時的高度，而是湧浪還在海上，正在接近島嶼時的高度。這時海浪距離岸邊還很遠，所以這個測量結果在北岸所有衝浪點都相同（但海浪破碎時的浪面高度在每個海灘可能差異相當大，依各處的水深和海床狀況而定）。一般說來，夏威夷尺度的湧浪高度大約是海浪在海岸破碎時浪面高度的一半。因為可能造成混淆，而且會讓衝浪客每次都把浪高講得太低，顯得過度謙虛，所以我還是採用比較簡單明瞭的國際測量方式，以海浪開始破碎時的浪面高度為準。

面，保持在崩落的白水前面。大浪扣倒時，衝浪者無法一直在破碎的浪頭前面，因此逃不掉被大片海水蓋住的危險。

當天浪不算特別高，但以我這個英國人看來已經很大。這些衝浪客從捲動的水懸崖快速滑下的時候，到底是怎麼保持平衡？根據馬爾表示，這其實不是最難的部分。真正的挑戰是判斷要從哪裡趁浪最高的時候站上去：「但當你觀察清楚、划到那裡，這樣就到了最佳上浪位置。」

有時候，如果衝浪客找到正確位置並正確估計「起乘」時機，甚至可以不用划水加速。站在浪頂時，衝浪客和衝浪板的總重量足以讓兩者快速溜下洶湧的水牆。

為了以這種方式登上浪頭，衝浪客必須位於礁區最淺的地方。海浪在這裡速度大幅降低，同時彼此壓擠推高。馬爾解釋，他們只要對準岸上的地標，就可以知道自己在等待大浪來到時有沒有漂離最佳位置。

我看著海灣裡的衝浪客，發現他們在水上等待的時間遠超過想像。但現在看來相當合理，因為湧浪在海上像火車一樣行進，一群較大的浪後面是一群較小的浪。所以衝浪客在小浪時邊划水邊聊天，等待一「組」大浪到達。馬爾饒有深意地解釋：「在威美亞灣，我用滾水來判斷好浪是否已經到達。」

滾水是水面上的圓圈，直徑大約 4 公尺，水在這裡快速流過下方的火成岩礁石頂部，形成漩渦，抹平水面的漣波。衝浪客通常會避免在滾水上衝浪，因為旋轉的水可能會把衝浪板拉到其他方向。不過滾水的特性可以用來預測大浪到達。

大浪到來前的滾水

馬爾眼中閃著激動的光亮：「有時候甚至還看不到海浪到達，海浪就開始接觸海底。我們坐在板子上，可以感覺到能量愈來愈大。這裡開始出現滾水、接著那裡也有，然後更遠的地方也出現了。」

我們注視著分散在等浪區的衝浪客，他們耐心地等待，應該也在注意有沒有滾水。後來，一組浪從海上接近時，這群衝浪客突然醒了過來。每個人似乎都在最後一刻決定好要登上那個海浪，在捲來的海水快碰到他們時開始瘋狂地划水踢水。有幾個預估的時間恰到好處，滑下水牆，泡沫在他們後面消失。整個畫面讓人目瞪口呆。各種實體波都是能量從一處移動到另一處。這些大浪衝浪者顯然比大多數人更能體會海洋這股無法抵擋的恐怖能量。

夏威夷群島的四個主要島嶼，包括大島（也稱為夏威夷）、歐胡島、茂伊島和考愛島，海岸線總長約 1,320 公里。這幾個島正好位於太平洋中央，而且是矗立在深水中的火山島，周圍沒有大陸棚，因此一年四季多半都能看到猛浪，衝浪客稱它們為「大傢伙」。在夏天，猛浪通常高度只有一公尺左右，但冬天通常是 2 ～ 3 公尺，有時甚至高達 9 公尺。

到達岸邊的高大湧浪終年不斷，可以說明歷史上最早紀錄乘坐木材衝浪這種奇特休閒活動的地方為什麼就是這幾座島。英國皇家海軍發現號和決心號 1779 年登上夏威夷群島時，詹姆斯‧金恩上尉是探險家庫克船長的部下。船員接近大島的凱亞拉克庫亞灣時，

受到神明一般的待遇。但他們顯然待得太久，開始不受歡迎。一個月後，庫克船長在和島民爭執小船遭竊時遭到攻擊身亡。

庫克船長死後，金恩上尉負責撰寫船長日誌，他在其中描述起浪時到海灘上的經驗：

> ……最普遍的娛樂在水上，那裡的海很大，海浪拍打著海岸。有時 20 或 30 人在沒有起浪時出發，趴在長寬跟身體差不多的板子上，雙腿併攏，雙手用來控制板子，等岸上出現最大的湧浪時，一起用手划水前進，停留在浪頭上。海浪以驚人的速度帶著他們前進。最重要的技巧是控制板子，維持適當的前進方向、停留在浪頭上，並隨海浪改變方向。

在庫克船長壯志未酬的航行後來到夏威夷的遊客說，衝浪已經成為島上生活的一部分。當很棒的大浪來到時，整個村莊成了空城。男女老幼全都跑到海灘，在海浪中嬉戲，乘著碎浪前進。但 19 世紀前半來到島上的歐洲人為島民生活帶來災難性的影響。他們帶來疾病，但島民對這種疾病沒有免疫力，因此人口大減，而且英國國教派傳教士對衝浪也不感興趣。事實上他們認為衝浪對神不敬，尤其是衝浪時必須赤身露體，因此禁止島民衝浪。1892 年，當地醫師納森尼爾・艾默森寫道：「我們的博物館和私人蒐藏品很難看到衝浪板。」[1]

然而到了 20 世紀初，由夏季湧浪大小適中的歐胡島西南岸的

不受歡迎的訪客

駐波衝浪：就跟在逆向的高速跑步機上玩滑板差不多。

威基基海灘為中心，衝浪運動開始再度興起。直到 1950 年代，一小群勇敢的衝浪客才開始挑戰冬天來到歐胡島北岸的大湧浪。這裡一年四季都有大湧浪拍打著礁石區，因此成為職業衝浪的天堂，舉辦過數十次比賽。1986 年，全世界最重要的大浪衝浪比賽在威美亞灣舉行，名為艾迪·艾考紀念衝浪大賽。這個比賽的名稱來自威美亞第一位救生員，他是 1960 和 1970 年代的著名救生員，在嘗試從夏威夷划獨木舟到大溪地時喪生，年僅 31 歲。這項比賽不是年年都辦，而是預測湧浪高度超過 9 公尺的年度才會舉行，邀請全世界最傑出的 28 位大浪衝浪高手參加。他們無論身在何處，每年 12 月和 1 月都會隨時待命，準備在預報有大湧浪時登機前往夏威夷。如果浪不夠高，比賽就會直接延到次年舉行。

可惜衝浪在赫拉克利圖斯的時代還沒有出現。

　　我跟馬爾聊完之後，信步走到海灘。幾個年輕人正在沙中挖出溝渠，因為這些沙會使威美亞河的水無法流進海灣。這一大堆沙稱為灘台，是被冬天海浪的強大力量推上海灘，堵住河口，形成天然水壩。在 11 月到 3 月的雨季，雨水從山上沿河流下，積在灘台後方，最後衝破灘台，流到海灘再進入海中。這個自然潰堤現象每個月似乎會發生 3 ～ 4 次，而當地人有時會挖掘水道好讓水流出。我覺得很好奇，所以坐下來看。

　　河水開始流動之後，就沖走水道兩側的沙子，使水道變得更寬，不久之後就變成奔騰的洪流。這股洪流沖進海灘，流進衝浪區的海水時，被沙質「河床」的底部抬升起來，形成一連串駐波。衝浪客要玩的就是這些駐波。

這些年輕人和我們先前提過的慕尼黑市區衝浪客一樣，輪流從河岸跳進河中，站在短而寬的泡棉趴板上衝浪。看他們衝浪很有意思，因為我以前只在影片裡看過這種衝浪方式。

他們在水上迅速移動，在奔騰的水流中藉助重力滑下駐波的浪面。就像在反過來的跑步機上溜滑板：人在原地不動，只有輪子在轉，這些衝浪客也一樣在原地不動，只是從水道的一邊滑到另一邊。

我看他們在流水上滑得十分開心，想起赫拉克利圖斯曾經說過我們不可能踏入相同的河兩次，因為河水永遠是新的。赫拉克利圖斯很看不起其他公民，並宣稱他們「應該自我了斷，包括所有成年人。」我想，如果他衝浪的話，說不定比較快樂一點？少花點時間談論水流，多花點時間玩水，說不定會讓這位蘇格拉底前的憤青開心一點。

治療厭世的藥方

〰

日落海灘消防隊的位置大約是從威美亞灣沿海岸向東北走 1.6 公里左右，並跟福聯超市隔著卡美哈美哈高速公路相望，北岸衝浪客經常在這家超市買紅牛飲料。在這個消防隊的某個停車彎裡，有輛亮眼的黃色和不鏽鋼配色的消防車，車頂有一塊超大的衝浪板，上面印著相稱的黃色標誌。救生員傍晚下班後，由檀香山消防隊接手。因為這是救生板，它長達 3 公尺，比一般衝浪客帶來帶去的 2 公尺衝浪板長得多。

吉姆・曼興隊長告訴我：「我學衝浪時，沒有人用短板。我們

如果有板子可以用，誰還想
抓著桿子滑下來？

必須兩個小孩一起才能把衝浪板搬到海灘上。」曼興現在 52 歲，
在北岸當消防員已經 32 年。他 7 歲時全家搬到夏威夷，12 歲開始
衝浪。

曼興回憶道：「只要一個朋友有衝浪板，我們四五個就會輪
流用來衝浪。」他進一步解釋，那時候是 1970 年代，腳繩還沒有
發明。腳繩是圈在衝浪者腳踝上的繩索，防止衝浪板在「歪爆」
（wipeout）時流走。「為了撿回板子，我們必須用徒手衝浪回岸
上。」

我雖然聽過徒手衝浪，但不確定是用什麼器材衝浪。答案是器
材非常少。曼興解釋：「徒手衝浪只需要一雙手，甚至不一定要用
到手。庫克船長來到夏威夷群島時，徒手衝浪的人比用衝浪板的人
還多。這是最純粹的衝浪方法，海豹和海豚就是這樣衝浪。毫無疑
問，牠們最擅長徒手衝浪。」

簡而言之，徒手衝浪就是把手臂放在身體兩側，在浪面上滑行。許多人會把雙手向前伸，這樣被壓到浪底時才不會傷到脖子。壓到浪底的意思是衝浪者在海浪向前傾倒時落下浪面，接著被浪從上方壓下，這是歪爆中最危險一種狀況，尤其是在大浪中，因為這麼大量的水壓下時，衝浪者可能會撞上水中的礁石或海岸。

被壓到浪底時
不要傷到脖子

曼興繼續說：「重點是沿對角線滑下尖陡的浪面，而不是直接滑下去。要從浪頂滑到浪肩，在浪垮下來蓋住我們時最好能找到掩護。」徒手衝浪其實跟滑板衝浪大致相同。最理想的浪是在浪頂某處開始破碎的浪，波峰在這裡向前倒，朝波谷彎曲蓋下，破碎部分沿波浪橫向移動。衝浪客位於破碎部分的前方，盡量停留在平滑浪面中最陡的部分，在海浪前方沿對角線移動，讓海浪推著前進。他們甚至還能讓管浪捲住，躲進管浪裡面。水牆從他們頭頂蓋下，使他們看來好像在「綠色房間」裡迅速移動。

徒手衝浪的主要挑戰是不用板子衝浪，其實應該說是用身體來當衝浪板。曼興解釋，在夏威夷，海浪速度很快，力量很大，通常很難加速到停留在海浪前方。別忘了，衝浪客不是要順流而下，而是要跟海浪一起在水面上行進，盡可能停留在斜面上。衝浪客的身體在水中行進的阻力會比浮在水面的浪板底部大得多。徒手衝浪者有時會向前伸出一隻手，當成水翼。像這樣伸出一隻手滑行時，可以使軀幹抬離水面，降低阻力，提高速度。

徒手衝浪客還會把另一隻手向背後伸展。曼興示範了這個動作，姿勢看來很像西洋劍選手。他說：「這隻手保持在水面上，向

後伸展，放在浪的上方。兩手可以交換，像這樣旋轉和做出各種動作。有些徒手衝浪者會不斷旋轉。」

腳繩愈來愈普遍之後，大家都不需要徒手滑回岸邊撿衝浪板，那還有很多人不用浪板衝浪嗎？他說：「嗯，我兒子跟我去徒手衝浪時，我很失望地看到很多徒手衝浪客都是像我一樣頭髮花白的老頭子。」

除了腳繩之外，徒手衝浪式微的另一個主要理由是較短的泡棉趴板於 1970 年代問世。這種浪板比一般衝浪板容易控制，現在是衝浪初學者最常用的浪板。在這類浪板上迅速行進的刺激感吸走了大眾對徒手衝浪的興趣。曼興解釋：「我兒子用趴板的原因是趴板衝浪客能駕馭各種浪。在大家都用趴板的碎浪上嘗試徒手衝浪讓人感到挫折。你終於等到一個不錯的浪，但另一個人剛衝過一道浪之後划回來，一轉就搶走這道浪。」搶浪的意思是從正在衝浪的人面前強占浪頭，把別人擠走，這種行為相當糟糕。

曼興沒學會用衝浪板之前就會徒手衝浪，7 歲時就在島南邊的桑迪海灘公園衝浪。我問他，沉浸在海浪的能量中是什麼感覺？他遠望著消防隊後面噴著水花的太平洋，回答：「就像在水裡飛一樣。」

聊夠了。我現在覺得應該自己站上衝浪板試試看，所以我向「日落蘇西」預約了課程。他在哈雷瓦專門教像我這樣的初學者。這裡的浪即使在冬天也很溫和。哈雷瓦的意思是「軍艦鳥的故

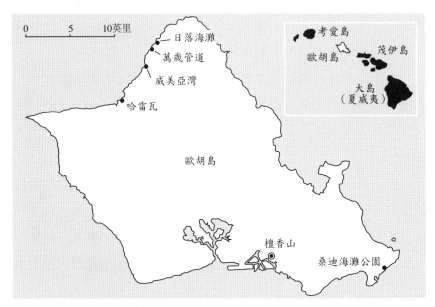

北岸有 40 多個世界級衝浪點，圖中只標出其中 4 個。

鄉」，這種鳥又稱為大軍艦鳥，整天幾乎都在飛行，只有在睡眠或回巢時才會降落。對海鳥而言可惜的是，軍艦鳥沒有保持羽毛乾燥的防水油脂，所以牠極少降落到水上，而是從水面抓取魚類、在半空中攔截飛魚，或是騷擾其他海鳥，使捕到的獵物掉落。這種鳥類飛行的時間很長，所以很懂得在海洋上空飛行時花最少的力氣取得升力：利用風吹過起伏的水面時產生的空氣波動。這種鳥類緊貼海面飛行，輕巧地進出水波之間的波谷，需要時再利用上升的空氣往上飛。相對於牠們的體重，牠們的翅膀比其他鳥類更長，所以能在海浪上飛得極快、極為優雅。

　　跟日落蘇西上課的細節我先保留，只要知道我不是天生就會衝

浪，事實上我天生就很不會衝浪。如前文所提，我的右耳從 6 個月大開始就沒有鼓膜，21 歲時才動手術重建。為了避免感染，我必須防止這隻耳朵進水，所以我游泳時只游蛙式。我把我衝浪衝得很爛歸因於成長期沒有接觸過水，而且平衡感不佳（這也是因為耳朵有問題）。當然除了這些之外，我也沒有軍艦鳥那麼優異的翅膀體重比。

羞辱和藉口

在衝浪板上飽受羞辱之後，我想我應該試試看徒手衝浪。我開車到桑迪海灘公園，這裡通常稱為桑迪，曼興隊長就是在這裡學會徒手衝浪的。桑迪位於可可火山口陡峭的條紋狀山坡的陰影中。這裡的地形稱為凝灰錐，內部中空，周圍是陡峭的玄武岩山坡，是 300 萬年前這個島嶼誕生時，由火山口噴出的大量火山灰落下後所形成。

桑迪旁邊就是《亂世忠魂》電影裡畢・蘭卡斯特和黛博拉・蔻兒在洶湧海浪中逃進的小灣。自從 1950 年代起，這裡一直是廣受全世界歡迎的徒手衝浪點。美國前總統歐巴馬在檀香山長大，十多歲時經常到桑迪公園，2008 年競選總統時就曾經被拍到在那裡徒手衝浪。

我從車旁走到海灘邊緣灼熱的沙子上，立刻就發現這裡的海浪跟威美亞特質完全不同。這裡位於歐胡島東南邊，冬天來自北邊的湧浪被島嶼阻擋下來。浪看起來沒有特別小，但破碎的方式似乎不一樣。桑迪的海浪不像威美亞那樣是從一端開始破碎，再沿著海浪

《亂世忠魂》，多了一些拍打聲。

橫向移動，而是整片波峰突然捲起向前倒。這是因為這裡的海床和威美亞不同。桑迪的浪稱為岸邊浪，因為海浪的表現取決於陡峭的沙質海底，而不是水中的礁岩。雖然這裡的浪顯然比我在北岸看到的小，但海床坡度較陡，似乎使海浪拍打岸邊時更加激烈。

　　當時沒有人用衝浪板，但有很多人用趴板。其他人則穿著蛙鞋載浮載沉。我看到一個女性在碎浪上前進，手向前伸，像曼興說的那樣滑行。但她在背後舉起另一隻手用來平衡，所以海浪拍在她身上。她出現在海浪留下的水花裡。這個過程整整持續了 3 秒鐘。

　　它不算是觀賞性運動。不僅衝浪時間相當短暫，衝浪客也大多隱身在水裡。威美亞的大浪衝浪客趴在色彩鮮豔的浪板上，快速滑

下滾滾水牆的精采畫面在這邊基本上是看不到的，因此電視不大可能轉播徒手衝浪比賽。徒手衝浪的服裝也不是很有看頭，許多男性衝浪客只穿游泳褲，可能是因為不希望漂亮的衝浪短褲增加他們在水裡的阻力。此外，既然他們不用浪板，所以當然也沒地方可以放贊助商的商標。不過我很喜歡這樣的極簡風，只有一個人和海浪，其他什麼都沒有。

以最自然的方式衝浪

我看到的徒手衝浪客像《第七號情報員》電影裡的烏蘇拉・安德絲一樣出現在白浪裡，踏著金色的沙子朝我走來，手裡拿著兩個海螺殼。其實她看起來筋疲力盡，而且手裡拿的是一雙蛙鞋。她的名字是雪莉・歐布萊恩，住在檀香山郊區，在歐胡島出生，出身衝浪世家。她小時候經常在週末徒手衝浪，但她告訴我：「現在這是我唯一想做的事。」

我問雪莉為什麼桑迪這麼適合衝浪。她回答：「首先，它的底部是沙。這點非常重要，因為如果有很多珊瑚，徒手衝浪會很危險。另外，海浪從深水區捲進來，再像這樣推高的效果很好。」

然而無論底部是不是沙，這片海灘都以意外頻傳聞名。雪莉說：「可怕的是這裡的水看來很吸引人。停好車之後，2分鐘內就可以下水。但這裡非常危險。這裡是脊椎傷害發生率最高的海灘。」主要問題是泳客不熟悉這裡的浪。「這裡的浪可能會把人拋到只有 7.5 公分深的水裡，直接讓脖子著地。」

我告訴她，我很喜歡一身輕的感覺。她微笑地回答：「對，就只有你的身體。」又說：「我經常說，肚子愈大的人愈會徒手衝浪。到恐慌岬或其他地方看一下，肚子很大的人往往能

不要看我的舵

忘記帶衝浪板到海灘時可以做什麼呢？

做出很厲害的動作，肚子就像舵一樣。」我盯著雪莉看，結果發現我正下意識地想用其他方式吸引她的眼光，試圖讓她忘記檢視我的「舵」。

　　當天晚上我準備睡覺時，還聽得見海浪拍打岩石的聲音。在俯視威美亞灣的半島上的小屋裡，海浪聲聽起來和在海灘上很不一樣。冒著泡沫的白水的高頻率嘶嘶聲不見了，只剩下海洋反覆拍打岬角的隆隆聲，像遠處的雷聲一樣。我想像著看不見的寬闊音波在我和海岸之間的房子繞射。如果是吵雜的短波長聲音，房子可以幫我遮擋，但波長較長的聲音則會包圍牆面，經由夜晚的空氣傳到我

的窗戶。

　　海浪的聲音變得像打呼的野獸，每次宛如地震的呼吸都把微小的振動傳到我的床上。我漸漸入睡時，最後進入意識的聲音是直升機旋翼的轟轟聲。這麼晚了為什麼會有直升機飛出來？

　　　　　　　　　　🌊

　　第二天，我聽說有個衝浪客華昆‧維里拉失蹤了。接近傍晚時，他划水前往北岸外的一處衝浪點，就沒有再回來了。我昨天晚上聽到的聲音是消防隊的直升機聲，他們搜尋到凌晨 2 點，天亮後繼續搜尋。海岸巡防隊用夜視鏡繼續搜尋了一整夜，但還沒有找到維里拉。

　　維里拉是波多黎各人，他去的衝浪點叫做萬歲管道，是夏威夷最惡名昭彰的衝浪點。那裡的海浪特別美，湧浪如果很大，通過玄武岩礁岩時會劃出很大的弧線向前傾倒，形成龐大的中空管浪。但這裡雖然美，卻是全世界數一數二危險的衝浪點，平均每年會有一名衝浪客在這裡喪命。海浪拍打到這麼淺的水域時，如果有運氣不好的衝浪客正好被壓到浪底，就可能因為龐大重量下壓而撞擊礁岩。幾十億年來，海浪拍擊使火成岩的形狀變得不規則，滿布坑洞和裂縫。我聽說衝浪客「歪爆」時如果運氣不好，可能會被海浪的力量壓進坑洞，從此消失，真的很嚇人。維里拉失蹤那天傍晚，萬歲管道的浪面高度大約是 7.5 公尺。

　　萬歲管道的危險有一部分源自海浪離岸邊很近。海浪在距離岸邊僅 70 公尺的地方以如此驚人的方式拍擊，經驗不足的衝浪客很

容易划到最波濤洶湧的地方。但維里拉不是初學者，他很熟悉這個衝浪點。他五年前從波多黎各搬到這裡，現在是歐胡島的居民。他和許多夏威夷居民一樣，被這裡的浪吸引而來，成為衝浪移民。搜救持續了一整天，但沒有結果。第二天早上，維里拉的衝浪板被衝上海灘，腳繩斷在腳踝環附近。

衝浪板的形狀和外型只要有少許差別，顯然就對衝浪效果有很大的影響。跟我聊過的衝浪客似乎都非常強調自己的衝浪板最不重要的特徵：長度、底部是平的還是曲線，或是尾鰭的位置等。老實講，我不大相信這些東西的影響有那麼大，所以我約了當地一位衝浪板師傅，這個工作稱為「削板師」。

神祕的
削板技藝

傑夫‧布希曼是北岸數一數二的削板師，1982 年就開始以製作衝浪板維生。他的技術完全出於自學，在他還沒有看過別人做板子之前，自己就做過 3,000 多張。他承認自己不是很清楚衝浪板的原理。他告訴我：「我多年來都靠直覺製作衝浪板。」他近 25 年來製作過 3 萬張衝浪板，布希曼有充裕的時間來開發這個直覺。

新設計的靈感有時要小睡一下才會出現，他為當地衝浪客潘丘‧蘇利文製作衝浪板時就是如此：「我半夜醒來時突然有了靈感，我決定就用它。第二天早上起床時就知道該怎麼做了。」他負責設計形狀，後來跟蘇利文一起開發的衝浪板「徹底改變日落海灘用的衝浪板」。但布希曼的意思不是他想到新的衝浪板塗裝配色，因為削板技術不是把板子做得很漂亮。優秀的削板師會不斷實驗各

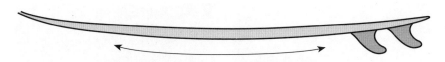

這個曲線稱為翹度。翹度越明顯，浪板的速度越受限，
在夏威夷的大浪上更容易控制。

V形板底曲線也會減慢浪板速度，
因此是夏威夷浪板的典型形狀。

凹底曲線可減少阻力，使浪板速度更快，
所以比較適合較小的浪。

針對夏威夷等地大浪衝浪設計的衝浪板，形狀上比用於小浪的衝浪板速度慢，所以在北岸變化多端的浪面上比較容易控制。

種尺寸和外型，讓衝浪客能從海浪取得適當的能量。事實上，傑夫這類削板師製作浪板的對象不只是個別衝浪客，也包括特定的衝浪點。

他解釋：「這裡的衝浪客平均擁有 8 ～ 20 塊不同的浪板。」並依照當天的狀況和地點選擇最適合的衝浪板。「北岸這 11 公里相當特別，因為岸邊附近有很多礁岩，每個礁岩聚集海浪能量的方式都不一樣。每個礁岩都會產生不同的海浪。」

夏威夷的衝浪板跟其他地方的不一樣嗎？他告訴我：「這裡的浪力量很大，所以我們製作的衝浪板大多可以降低海浪的速度。」方法是讓衝浪板的底部從側面看來稍微凸出。換句話說，如果這塊衝浪板放在平面上踩，可以小幅前後搖晃，像蹺蹺板一樣。這個翹度可讓衝浪板在水上降低速度，因此在夏威夷大浪非常陡峭的浪面上比較容易控制。針對大浪，除了翹度，底部通常還會呈少許 V

「這裡有一塊我先前做的板子」，北岸削板師布希曼向我說明他的板底輪廓弧度。

字形，從一端看來中間較厚，左右兩邊比較薄。

在其他地方，衝浪板的要求往往相反：「如果要針對英國或日本東岸等地方的小浪製作衝浪板，設計就會完全不同，因為這時要**提高速度**。」這類衝浪板從一端看來，底部通常是內凹的。底部的中央線比兩側略高一點，在衝浪板下方形成空洞，讓水和空氣混合，在衝浪板滑下浪面時增加升力並降低阻力。布希曼解釋：「使用這類衝浪板時必須提高速度，因為那裡的浪沒有這麼大的力量。」假如傑夫不是這麼理性的人，我可能會以為他小看我們英國的浪。

那麼針對北岸一代的浪點設計的衝浪板有什麼不同？他毫不猶

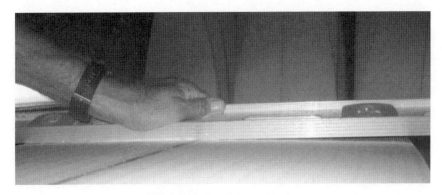

看看這塊板子上的 V 字形。

豫地回答：「威美亞需要比較大的浪板，因為那裡的湧浪很大，可能高達 6 公尺*，而且浪移動的速度非常快，在小衝浪板上划水沒辦法產生足夠的速度上浪。威美亞的浪會從腳下溜過，甚至會把你拋走。」這類衝浪板稱為槍板，長度至少有 3 公尺，因為可以把體重分散到更大的面積，所以浮力較大、阻力較小。

　　我還得知日落海灘的衝浪板比較短，通常是 2.5 公尺。「日落海灘的礁岩位於海岸線上，到達北岸的湧浪幾乎都會打到。」因為這個緣故，這個衝浪點是全世界浪高最一致的衝浪點，大約是 4 ～ 6 公尺，比北岸其他衝浪點略低一點。日落海灘的衝浪板和其他衝浪板一樣，反面有三個鰭片，呈三角形排列，「用來改善前進力、方向和穩定性。」這三片小舵有兩個功能：中

每個衝浪點
都有不同的
衝浪板

＊這裡布希曼用的是夏威夷尺度，指的是深水湧浪的高度。碎浪從波谷到波峰的對應浪面高度是 9 公尺。

央的後鰭片可增加操控的穩定性，因為它可防止衝浪板後方在轉彎時測滑；前面的兩片側鰭片有時會針對日落海灘而呈某個角度，以便在水通過時加以壓擠，在小浪上提供升力及速度。

再來是萬歲管道：「以同一個衝浪客而言，萬歲管道用的衝浪板會比較薄，而且至少窄 1.25 公分，長度也比日落海灘的衝浪板短一點，底部的 V 字形輪廓也比較明顯。我們已經知道，這種速度較慢的底部在萬歲管道非常有用，因為可以壓制速度，進而控制能量。這樣可以幫助衝浪者停留在巨大的桶浪中，讓浪管捲住他們，在浪崩落在他們身上之前離開。這是最高級的動作，進到浪中，在裡面感受它的能量。這是衝浪的共同感受。」

現在是去萬歲管道看看的時候了。我到達時，旗子飄揚在插在沙中的桿子上，宣告 R 星職業衝浪大賽正進行得如火如荼。這是趴板比賽，原本是世界錦標賽，但現在已經成為這項運動的世界巡迴賽的一站。

粉絲們散落在海灘上，有些正在示範如何同時做日光浴跟觀賞運動比賽，有些在大聲為衝浪客加油。大家的眼睛都盯著 15 名趴板衝浪客，他們正在快速滑下浪面，表演 360 度旋轉，在泡棉浪板上空翻和翻滾。擴音器裡一下「呼！」，一下「耶！」。海浪捲成巨大的管子。這看起來很刺激，但我忍不住想到兩天前維里拉就是在這片海灘失蹤的。當時發生了什麼事？他的屍體說不定卡在海浪底下的某個裂縫裡，這些趴板

花俏的動作

嚴肅的想法

340

衝浪客做空翻或 360 度旋轉時，會不會無意中輾過他的葬身之地？

來到這裡的湧浪源自冬季風暴系統從東北方 5,600 公里外的日本東岸橫越北太平洋時造成的強風。風暴在大島北邊 800 公里轉向西方，湧浪從那裡花了兩天時間來到這裡。我從來沒看過這麼清晰可見的波列。碎浪一組組地來到岸邊，每組之間有些間隔。大浪通常 4～5 個一組，每組相隔 15 秒。趴板好手們趁這時大展身手，表演空翻和桶滾（barrel roll）等各種特技動作。桶滾是快速衝進管浪內部，在水牆上翻筋斗，在波谷站回板子上。接著海浪會變小幾分鐘，衝浪客重新集結等待。海灘上的地勢稍微高一點，很容易看到一組組碎浪捲來，所以許多人會瘋狂地吹哨，提醒衝浪客有一群大浪快要到達。

我決定不看趴板衝浪客的花俏動作，專心觀察海浪。以下是我看到的東西。

在海面上，湧浪是一連串的緩和起伏，安靜有序地朝海灘前進。如果只看到這些距離較遠、深度較深的海浪，一定想不到它們最後會變得那麼大。但這些湧浪到達萬歲管道時，在外海時的能量損耗極少。這些海浪沒有通過大陸棚較淺的水域，而是穩定持續的能量列，朝海岸迅速行進。

萬歲管道共有三片礁岩，每片都會影響海浪行進。第一片最接近海灘、距離岸邊約 70 公尺，趴板衝浪客經常在這裡表演花式動作；第二片距離大致相同，海浪在這裡開始破碎，湧浪較高時適合衝浪；第三片距離岸邊約 280 公尺，稱為雲端浪點，因為湧浪很大時，碎浪往往會形成白色水花，看起來像雲一樣。雖然湧浪不夠

大，海浪無法在外圍的礁岩破碎，海浪的能量依然會被礁岩集中。海浪通過外圍礁岩並受到阻礙，速度因而減慢時，兩端速度較快的海浪向內彎折。這時出現折射作用，海浪因為速度變化而改變方向。

　　但所有作用都發生在海浪和最近的礁岩接觸的地方。在這裡，深水中的平緩弧形變成彎曲連續的起伏。波峰因為水突然變淺而速度大幅變慢，同時在沿岸特定地點聚集成尖峰。海浪也從這裡開始破碎。我看著它，被這片高高拱起、令人戰慄，在強大能量下掀起的高聳水牆嚇呆了。

　　冬季每兩天吹一天的信風來自東邊，代表在這裡是從陸地吹向海上。這些風雖然在海上吹出微微起伏的表面波，但對升高的浪面而言卻是反效果：它會吹平水面，也有助於

在萬歲管道，信風從碎浪的浪唇吹出細緻的鬃毛狀水花。

使巨大的水脊變得更高。此外，這種風還可從海浪頂端吹出飄揚的水花，把水花吹到持續前進的海浪後面，就像綿密的水汽鬃毛，在波浪通過後落回水中。

海浪波碎的前一秒，浪面似乎變了顏色。頂端 1/3 突然從深綠色變成青綠色。在此同時，表面的漣波拉長了，彷彿被梳理成整齊的長波脊，夾雜著美麗的條紋，這些條紋一定是小氣泡形成的花環。

現在浪唇開始落下。我看著這一刻在每道新浪到達時一次次出現，對這冒著泡沫的光輝完全看不膩。白水從海浪中抬得最高的點開始出現。由於風吹起的水汽鬃毛，波脊點綴了一層白色，青綠色的桶子

水開始向前墜落。日光在海浪表面拉長的條紋上閃著光芒，一道道白水朝岸邊衝去。白水後方是龐大的青綠色桶狀頂篷。這片頂篷向下彎曲，落在海浪前方，在下方堅實的礁岩上拍出白色的泡沫，濺起的高度足足有海浪本身的兩倍之多。頂篷形成的管狀中空部分兩端是開放的。在兩端之間向前傾倒並落在前方的海浪愈來愈多，兩端開始逐漸遠離，一邊朝左、一邊朝右。

一名趴板好手現在快速衝進視線，但他的行動讓我注意到碎浪有個以前沒發現的特徵。他快速滑下浪面時，把一隻腳放在水裡減速，讓他恰好可以停留在管浪裡。他躲在中空的水牆裡時，浪好像……爆炸了。一大片水從海浪完整部分兩側的開口向外噴出。

海灘上的觀眾沒有人因為驚訝而倒抽一口氣。水在管浪內爆炸後一秒鐘，那位衝浪客跟著衝出，管浪在他後方垮下，變成一大片冒著泡沫的白水。現在我想起來那是什麼了，有衝浪客跟我講過：

吐口水

吐出來的口水

一位參賽者被吐出海浪。

這種狀況叫做浪在吐口水（spit）。在某個時刻，上方的海水向下壓，管浪中的空氣受到擠壓，沒有地方可去，因此從兩端的開口噴出。衝浪客就趁管浪崩解時鑽出管浪。

海浪在我們面前展現了無比的威力和美。海浪就在這時轉變成震波。我透過沙子感受到的隆隆聲響和激烈的回聲，是湧浪的能量散失在這裡。我正在想著水會因為劇烈翻攪而變熱多少時，哇！那是什麼？

一道大浪經過時，有個高高瘦瘦、滿頭銀髮的人原本騎著水上摩托車在水面上下起伏，後來跳進水裡，划了幾下加速，就把左手放在前方水面，開始徒手衝浪。他橫越畫立的浪面時，把右手放在後面。後來海浪落下時，他把兩隻手臂收進身體兩側，像海豹一樣在冒著泡沫的白水上行進。他的動作十分輕鬆優美，看來若無其事，彷彿最後一刻才想到要上浪。

　　等到接近岸邊，湧浪已經無法繼續提供能量時，他移動身體，進入激流。海水被一連串海浪推上海灘後，在這裡找到出路，潺潺地流回海洋。水流輕輕巧巧地把他帶回水上摩托車旁邊，他回到摩托車上，繼續觀賞比賽。他的模樣像個大哥，彷彿大哥這個詞就是專門為他這類人發明的。

　　我一定要問問這個人，所以我像跟蹤狂一樣四處亂晃，等他最後一輪比賽結束後帶著蛙鞋走上海灘時趕快上前。他告訴我他的名字是馬克·康寧漢時，我立刻就認出他來。曼興隊長告訴我他是全世界最傑出的徒手衝浪客。雪莉·歐布萊恩說他是傳奇人物：「他的名字可以跟徒手衝浪劃上等號」，甚至把他比做海豚。我在完全偶然的狀況下碰到最佳訪問對象，他告訴我不藉助衝浪板、赤手空拳在大浪中滑行是什麼感覺。

傳奇徒手
衝浪高手

　　四天之後，維里拉的搜救工作結束，沒有找到他的遺體。我打電話給康寧漢約定訪問時間時，他告訴我他第二天要出席在萬歲管道海灘舉行的追思會，提議就在那裡碰面。

不好意思，可以跟你聊一下嗎？

　　我跟康寧漢碰面時，海灘周圍的棕櫚樹沐浴在漸漸變暗的午後金黃色陽光中。維里拉的朋友在停車場旁的草地，拆開餐點包裝，把飲料放在活動桌上。地方新聞頻道的工作人員正在架機器，衝浪客在周圍轉來轉去，很多人戴著鮮豔的粉紅色和紫色雞蛋花做成的傳統夏威夷花環。有些人把這些芳香的項鍊掛在衝浪板前端。

　　儘管萬歲管道惡名昭彰，在這裡喪命的衝浪客也多於其他浪點，但我碰到康寧漢的時候，他說他很不喜歡這種流行說法：「媒體很愛過度強調萬歲管道的危險程度。衝浪電影每次都講『萬歲管道利如剃刀的珊瑚礁正等著把慘摔的衝浪客大卸八塊』，但其實根本不是這樣。這裡只是海浪大力拍打平坦的淺水礁岩，礁岩上又有許多裂縫和空隙。」

　　我心想，嗯，我或許會自己體驗看看，才怪。

　　馬克現在 51 歲，剛剛退休。他在伊胡凱海灘公園擔任救生員將近 20 年，在瞭望塔上俯視全世界最著名的海浪。他說：「在援

救、救護和防範意外事故的空檔，我可以說是專業的觀浪者。」事實上，他在萬歲管道看海浪的時間一定比世界上任何人都多。

康寧漢對浪板衝浪興趣缺缺。他說：「我偶爾會用浪板衝浪，但我在海上只會一套把戲。」我請他說說他在徒手衝浪時究竟怎麼運用身體。他停了一下回答：「這麼多年來我一直想好好解釋，但恐怕沒辦法，我也很苦惱我沒辦法說明清楚。」

我很高興這位徒手衝浪之神也沒辦法用言語說明他的動作。在我詢問徒手衝浪問題的對象中，康寧漢講得最直截了當：「你必須跟海浪互相協調。這其實有點像是跟海浪共舞。我有個朋友說這是『下坡游泳』，我很喜歡這種說法。對大多數人而言，徒手衝浪就是在適當的時機跳進水中，被某個溫和海灘的白水推著前進。我們有些人會玩更高階的徒手衝浪，滑行的目標不是白水，而是浪面。這樣依然是衝浪，只是比較大一點。」

難以言傳

比較大一點的浪？康寧漢顯然善於輕描淡寫。

維里拉的未婚妻瑪莉耶拉‧阿科斯塔跟家人和好友來到會場，簡短感人地介紹維里拉的生平。瑪莉耶拉說，維里拉的話不多，假如他在這裡，也只會微笑地看著大家。

維里拉的衝浪界好友準備以夏威夷傳統的海上勇者儀式紀念他。大家朝海灘移動時，維里拉的朋友提醒：「請記得收起花環的細繩，不要讓細繩掉進水裡。」

在水邊唸完禱告詞後，衝浪客趴上浪板，開始划向外面。維里

拉當過削板師，這裡面有些人用的浪板就是他做的。他們在大約90公尺外圍成一個大圓，坐在浪板上，面朝圈內。我算了一下，總共超過 45 人，所有人手牽著手。

維里拉的未婚妻和好友也一起划到海上。衝浪客在海面上靜靜地停留一陣子，看著周圍的海水默哀。接著他們大聲喊著維里拉的名字，用拱起的手掌在浪板旁拍打水面，讓水花高高噴到空中，就像來自西北方的湧浪激起的水花一樣。

我想到前一天讀到一首夏威夷詩叫做 *Na Nalu*，意思是〈海浪〉：

人生從開始到結束……
海洋映照世上的人生歷程。
死亡只不過是黑暗的海浪，把身體帶進激流……
來到靜謐的水域
準備以新的形式重生 [2]

我看著這一幕，問康寧漢他是否曾經希望因為自己喜歡做的事而獲得一般大眾更多肯定。他回答：「沒有，衝浪對我有一種叛逆的吸引力，所以我不會辦徒手衝浪世界巡迴表演或徒手衝浪報導或雜誌之類的。」難道他不想藉由贊助賺錢嗎？「我或許可以朝這方面多做一點，但這不是我的本性。我也覺得衝浪的本質不是這

樣。」

　　我們站在一起，看著海上。衝浪客圍成的圓圈已經解散。有些人划回岸邊，有幾個進入等浪區，大概是覺得應該衝個浪紀念維里拉。海浪持續捲來，帶著優雅的弧線接近，我幾乎忘了它們擁有可怕的威力。

　　康寧漢指著眼前的海問我：「你想試試徒手衝浪嗎？」我們旁邊有兩個告示牌，一個寫著：「警告：此處水流湍急，請小心被帶到外海甚至溺斃」，另一個寫著：「此處不准游泳」。

　　我回答：「好啊！」

　　我們走向冒著泡沫的海邊。我拿著康寧漢借給我的蛙鞋。他膚色黝黑，雖然已經 51 歲，但身體像 30 歲一樣健壯。我還不到 40 歲，但身體卻像 51 歲一樣。

　　他曾經告訴我：「這裡是世界的衝擊區，是陸地、天空和海洋交會和交換能量的地方。」我想，會有許多能量即將透過我交換。但我們踩進水裡時，我仍然感受到不顧一切的興奮感，我告訴自己，假如我在萬歲管道碰到麻煩，康寧漢應該會是最能幫助我的人。

我在想什麼？

　　他向前一指：「我們要下水到那裡。讓水流帶我們出去，繞過沙洲前面，到海浪的肩部。」

　　他發現我不是很會游泳時，我感覺到他有一點失望，還是擔心？划水經過的衝浪客向康寧漢大聲問好。我覺得自己完全進入不了狀況、完全撐不住。

　　我們在離岸流中游泳時，康寧漢解釋，海浪來到時，我必須把

我和徒手衝浪傳奇人物康寧漢。

頭埋進水裡，避免在海浪破碎時在強大的亂流中翻攪。海浪一個接著一個，就像被雙層巴士迎面撞上，而且每輛巴士的司機都睡著了。康寧漢大喊：「在水裡不要背對海浪，這在夏威夷是最重要的原則！」

康寧漢指給我看岸上的幾棟建築，我必須對準這些建築，避免漂到海浪破碎力道最強的淺礁岩區。海浪稍微緩和了一點，因為我們位於兩組海浪之間。在等待的時候，我問我應該趁什麼樣的海浪「試試」看。

他說：「這個就不錯。事實上我想我可能……」我必須把頭埋到接近的波峰底下，我再度冒出水面時，他已經不見了。

他跑到哪去了？我踩著水。我吸了一口氣，潛到另一波大碎浪

底下。我被帶到海浪的垂直面，高度跟小房子差不多。我在碎浪後面探出水面吸氣，感覺到一片水花落在頭上。風從波峰吹出的那片優雅的水花鬃毛，我在岸上十分欣賞，現在卻覺得它像嘲笑的鬼臉。海浪就像放在門上的水桶，淋得我滿臉。

康寧漢在那裡。他乘著海浪過來。我發現我看不到他的原因是他在海浪的前面滑行，我則是在海浪的後面找他。

康寧漢乘著激流回到我旁邊，試著幫我把速度提高到跟海浪一樣。我會感到自己被高漲的海水抬起，就像從後面湧上來一樣。我瘋狂踢腿時，會有一段時間可以看看下方龐大無比的水牆。但後來它會在我下方繼續行進。只有幾道海浪推我前進的時間夠長，足以讓我感受到它龐大的能量。

但是海浪速度太快，我趕不上，我覺得自己很笨、很沮喪又筋疲力盡。這太荒謬了。我以為我在跟誰開玩笑？我想「我根本就不會徒手衝浪」，同時再吐出一口鹹水。

後來我決定不要擔心。我不再把海浪想成要駕馭或控制的野獸。我想，所有恐懼都會妨礙我感受海浪。我一心想避免被拋到礁岩上，所以完全感受不到海浪本身。

在我等待另一波碎浪時，我的心臟跳得好快。我想到隨每次心跳擴散到胸口所有肌肉的微小電脈衝波；想到洶湧的碎浪聲化成看不見的壓力波，縱橫交錯地擴散在微風輕拂的海岸空氣中；還想到照射在我頭頂的陽光，不斷交互變換的電磁位能形成熱力四射的波，灑在我周圍的海面上。高漲的海水不停拉扯，讓我覺得下一道海浪一定會更大。在來到這裡的能量推送下，我和周遭

隨波逐流

韋恩·雷文的《碎浪下的馬克》從下方拍攝康寧漢徒手衝浪的畫面。

的一切開始移動。這股能量歷經漫長的旅途橫越太平洋，已經接近消失。矗立的水牆開始把我抬起來時，我深深地鑽到水面底下。這次我只想跟海水合而為一，讓我自己成為湧浪能量占據的介質。如果我不能駕馭這頭巨獸，就暫時成為它的一部分。海浪在我正上方破碎開來。

波峰快速前進時，白水形成的漩渦看來相當壯觀。有一刻，我看到滿天的風暴雲。它們是被上方洶湧的亂流打進水中的一片片小氣泡。我不再跟海浪搏鬥，只是漂浮在海面下方，看著天空，我的身體被旋轉的海水帶來帶去。我深深感受到這股太平洋湧浪的垂死掙扎，看著陽光穿透充滿氣泡的躍動浪面照進水中。

注釋

1. Warshaw, M., *The Encyclopedia of Surfing* (New York: Harcourt Books, 2005).
2. This was quoted in Kristin Zambucka, *Princess Kaiulani of Hawaii: The Monarchy's Last Hope* (Green Glass Productions, Inc., 1998).

致謝

我絕對不會說這本書寫起來很簡單。這本書真的很難,而且花費的時間超出想像許多。如果沒有以下這幾位的鼎力協助,這本書一定不可能完成。

Bloomsbury 的編輯 Richard Atkinson 花費了許多時間協助擬定本書大綱和潤稿。他對書籍投注的心力絕對超越現在任何一位編輯。Conville & Walsh 的經紀人 Patrick Walsh 放棄耶誕假期細讀還很粗略的初稿及修改。我非常感謝他們兩位。

要感謝的人還有很多,其中最重要的是我太太莉絲。她不只提供意見、修改和訂正,而且在許多次我想放棄時大力支持我。倫敦西敏公學物理學老師 Charles Ullathorne 不吝花時間細讀手稿,指出幾項科學錯誤。我的岳父 John Fanning 也指出了幾個錯誤。Roderick Jackson 提出幾項中肯的建議,讓我時時必須打起精神。我也十分感謝以下幾位細讀了其中幾章並提出建議:Professor Andreas Baas、Jamie Brisick、Guy de Beaujeu、Professor Mark Cramer、Professor Pedro Ferreira、Dr John Powell、Professor Yuki Sugiyama、Professor Tamás Vicsek。

此外我也十分感謝 Bloomsbury 的 Natalie Hunt 認真的編輯及協調、感謝 Igor Toronyi-Lalic 協助初期研究工作、感謝 Richard

Collins 仔細的編輯工作、感謝 Trish Burgess 無懈可擊的審稿，還有 Bloomsbury 的 Jude Drake 以及 Xa Shaw Stewart 和 Conville & Walsh 的 Charlotte Isaac。

另外還有幾位提供了更加專業的協助。我非常感謝 Cathy 和 Peregrine St Germans 帶我去夏威夷，介紹我認識那裡的朋友和當地人。歐胡島威美亞灣的 John Bain 在我到當地時提供許多協助。感謝 Melissa Foks 和 Dr Beverley Steffert 協助我了解腦波、Tom and Donny Wright 協助我了解塞汶河潮湧、Veronica Esaulova 協助提供墨西哥海浪統計數字，最後感謝 Alex Bellos、Charles Hazlewood、Josh Hallil、Gulya and Barbara Somlai 和 Ron Westmaas 的各方面協助。

哦，當然還要感謝各位讀者讀了這本書。

圖片來源

本書所有插圖 © David Rooney. Diagrams © Graham White, NB Illustration, as listed on copyright page (p.4). All other diagrams are © Gavin Pretor-Pinney.

第 8 頁：© Gavin Pretor-Pinney.

第 10 頁：© Jon Bowles (Cloud Appreciation Society Member 16,267).

第 20 頁：National Oceanic and Atmospheric Administration.

第 23 頁：© National Maritime Museum, Greenwich, London.

第 28 頁：© The Metropolitan Museum of Art/Art Resource/Scala, Florence.

第 33 頁：© The Art Archive/Tate Gallery London.

第 37 頁：© National Maritime Museum, Greenwich, London.

第 50 頁：© Michael Schrager.

第 67 頁：© Ed Eliot, The Camera Shop, Tacoma–reproduced with permission.

第 80 頁：© Kim Taylor/naturepl.com.

第 98 頁（全部照片）：photographs by US Air Force, from 'The Roswell Report' (1995).

第 100 頁：Reproduced with permission from the Roswell Daily Record.

第 108 頁（上圖）：© Marco Lillini (Cloud Appreciation Society Member 2,120), marco@ lillini.com, www.lillini.com.

第 108 頁（左圖）：© Edwin Beckenbach/Getty Images.

第 109 頁：© The Trustees of the British Museum. All rights reserved.

第 116 頁：© Gavin Pretor-Pinney.

第 119 頁：Photo: ESA.

第 122 頁：© Frank and Myra Fan.

第 131 頁：© Orpheon Foundation, www.orpheon.org.

第 138 頁（所有照片）：© Gavin Pretor-Pinney.

第 144 頁：© Steimer/ARCO/naturepl.com.

第 147 頁（所有照片）：© Bruce Odland.

第 155 頁：Munich Surf Open publicity posters from Grossstadtsurfer 2000 e.V.: www.grossstadtsurfer.de.

第 159 頁：© Dr Harry Folster (Cloud Appreciation Society Member 20,843).

第 164 頁：© Gavin Pretor-Pinney.

第 166 頁：Photograph published in The World's Work magazine (Doubleday, Page & Company, 1908).

第 174 頁：© Professor Y. Sugiyama, the Mathematical Society of Traffic Flow.

第 187 頁：US Navy photograph by Phan Elliott.

第 191 頁：© Wiel Koekkoek (Cloud Appreciation Society Member

16,471).

第 196 頁（上圖）：US Navy photograph by Ensign John Gay.

第 196 頁（下圖）：US Navy photograph by Photographer's Mate 3rd Class Jonathan Chandler.

第 198 頁：© Steve Bly/Getty Images.

第 201 頁：NASA.

第 202 頁（所有照片）：NASA.

第 211 頁：© James Lyle.

第 212 頁：© Michel Versluis, University of Twente.

第 220 頁（所有照片）：© 2008 Kastberger et al.

第 223 頁：© M.J. Grimson & R.L. Blanton, Biological Sciences Electron Microscopy Laboratory, Texas Tech University.

第 226 頁：© Bob Thomas/Getty Images.

第 231 頁：@ Richard Barnes, www.richardbarnes.net.

第 236 與 237 頁：Reproduced with permission from SRO Productions on behalf of George Henderson, aka Krazy George.

第 248 頁：Photographer: American Red Cross. National Oceanic and Atmospheric Administration/US Department of Commerce.

第 249 頁（上圖）：National Oceanic and Atmospheric Administration/US Department of Commerce.

第 249 頁（下圖）：© David Rydevik–reproduced with permission.

第 250 頁：© Gavin Pretor-Pinney.

第 254 頁：Photograph © Richard Kruml, Fine Japanese Prints, Paintings

索引

11～15畫

貓頭鷹書房 266

波的科學：細數那些在我們四周的波

作　　　者	蓋文・普瑞特－平尼
譯　　　者	甘錫安
選　　　書	周宏瑋
責任編輯	王正緯
編輯協力	王作城
校　　　對	王正緯、魏秋綢
版面構成	張靜怡
封面設計	兒日

總 編 輯	謝宜英
行銷業務	陳昱甄
出 版 者	貓頭鷹出版

發 行 人　涂玉雲
發　　　行　英屬蓋曼群島商家庭傳媒股份有限公司城邦分公司
　　　　　　104 台北市中山區民生東路二段 141 號 11 樓
　　　　　　劃撥帳號：19863813；戶名：書虫股份有限公司
城邦讀書花園：www.cite.com.tw　購書服務信箱：service@readingclub.com.tw
購書服務專線：02-2500-7718~9（周一至周五上午 09:30-12:00；下午 13:30-17:00）
24 小時傳真專線：02-2500-1990；25001991
香港發行所　城邦（香港）出版集團／電話：852-2508-6231／傳真：852-2578-9337
馬新發行所　城邦（馬新）出版集團／電話：603-9057-8822／傳真：603-9057-6622
印 製 廠　中原造像股份有限公司
初　　　版　2020 年 5 月
定　　　價　新台幣 540 元／港幣 180 元
I S B N　978-986-262-423-4

有著作權・侵害必究
缺頁或破損請寄回更換

讀者意見信箱　owl@cph.com.tw
投稿信箱　owl.book@gmail.com
貓頭鷹臉書　facebook.com/owlpublishing

【大量採購，請洽專線】(02) 2500-1919

城邦讀書花園
www.cite.com.tw

國家圖書館出版品預行編目資料

波的科學：細數那些在我們四周的波／普瑞
特－平尼（Gavin Pretor-Pinney）作；甘錫
安譯 . -- 初版 . -- 臺北市：貓頭鷹出版：
家庭傳媒城邦分公司發行, 2020.05
　面；　公分 . -- (貓頭鷹書房；266)
譯自：The wavewatcher's companion
ISBN 978-986-262-423-4 (平裝)

1. 物理學　2. 波動

330　　　　　　　　　　　　　109005789